빅데이터
SPSS
최신 분석기법

신경망, SVM, 랜덤포레스트 편

조용준

빅데이터 SPSS 최신 분석기법
신경망, SVM, 랜덤포레스트 편

2018년 6월 28일 1판 1쇄 박음
2018년 7월 5일 1판 1쇄 펴냄

지은이 | 조용준
펴낸이 | 한기철

펴낸곳 | 한나래출판사
등록 | 1991. 2. 25. 제22–80호
주소 | 서울시 마포구 토정로 222, 한국출판콘텐츠센터 309호
전화 | 02) 738–5637 · 팩스 | 02) 363–5637 · e–mail | hannarae91@naver.com
www.hannarae.net

* 이 도서의 국립중앙도서관 출판예정도서목록(CIP)은 서지정보유통지원시스템 홈페이지(http://seoji.nl.go.kr)와
국가자료공동목록시스템(http://www.nl.go.kr/kolisnet)에서 이용하실 수 있습니다.(CIP제어번호: CIP2018019479)

이 책을 쓰게 된 계기는 세 가지 정도로 정리할 수 있습니다.

첫 번째는 빅데이터 분석의 개념을 명확히 알고 제대로 된 빅데이터 분석을 수행하기 위해서입니다. 오늘날 산업계의 최신 화두는 4차 산업혁명입니다. 그리고 4차 산업혁명을 논할 때 빠지지 않는 단어가 바로 빅데이터와 인공지능입니다. 빅데이터와 인공지능만 있으면 마치 모든 것이 해결될 것만 같은 시대를 살고 있는 듯합니다. 이러한 변화의 흐름 속에서 혼란스러워 하던 저는 ICT(information and communication technologies) 분야, 통계 분야 등의 전문가·학자분들에게 "빅데이터란 무엇입니까?"라는 질문을 여러 번 던져보았습니다. 그러나 아직까지 '빅데이터란 무엇이다'라고 명확히 저를 이해시켜주시는 분을 만나지 못했습니다. 얼마나 커야 빅데이터인지, 기존에 다루어온 데이터와 빅데이터는 무슨 차이가 있는 것인지, 빅데이터는 단순한 화두인 것인지, 빅데이터의 반대는 스몰데이터인지…… 궁금증은 커져만 갔습니다.

오랫동안 데이터 분석의 실무에 있었던 저에게는 기존의 데이터와 빅데이터의 차이를 구분해내는 것이 하나의 숙제처럼 여겨졌습니다. 그래야 빅데이터 분석이 무엇인지, 데이터마이닝이나 통계분석과 같은 기존의 데이터 분석과의 차이는 무엇인지 정확히 설명하고 제대로 된 빅데이터 분석을 수행할 수 있을 것 같았습니다. 그러던 중 2016년에 빅데이터 관련 연구를 진행하면서 그동안 지녔던 질문들에 대해 깊이 생각하고 답해보게 되었습니다. 이 책은 그때의 연구를 원동력 삼아 과거의 저처럼 기존의 통계분석과 빅데이터 분석 사이에서 혼란을 겪는 연구자들에게 제 나름대로 정리한 빅데이터의 개념을 명확히 알리고, 빅데이터 분석을 효율적으로 수행할 수 있도록 안내하고 싶다는 목표 아래 집필한 것입니다.

두 번째는 대학원에서 데이터마이닝과 신경망 분석에 매료되어 의사결정나무 분석과 신경망을 전공으로 선택한 사람으로서 제가 아는 신경망과 요즘의 인공지능, 더 구체적으로 딥러닝이라는 것이 어떻게 달라진 것인지 확인하고 싶었기 때문입니다. 또한 기존의 데이터마이닝 분야에서 많이 다루어온 신경망, SVM 등의 분석방법과 무엇이 다른지 살펴보고 싶었습니다.

세 번째는 SPSS 고급 유저들에게 최근 애드온(add-on)된 알고리즘을 일부라도 제대로 설명해보기 위해서입니다. 저는 30년 가까이 SPSS를 사용하고 있습니다. SPSS를 바탕으로 통계 알고리즘을 이해하고 그렇게 쌓은 지식과 경험을 바탕으로 컨설팅·연구 등을 수행해오고 있습니다. 1990년대 말에는 지금은 IBM SPSS Modele로 이름을 바꾼 클레멘타인 (Clementine) 매뉴얼을 국내 최초로 번역하기도 했는데, 그때 '데이터마이닝에 있는 알고리즘이 SPSS에 있다면 얼마나 좋을까!'라고 생각하였습니다. 그런데 2010년대 들어 실제로 SPSS에 데이터마이닝 알고리즘이 반영되기 시작하면서 최근에는 R 패키지에서나 사용이 가능하던 알고리즘까지도 계속 애드온되고 있습니다.

그러나 이렇게 추가된 분석 알고리즘들을 설명하고 해석을 도와줄 수 있는 책이나 매뉴얼은 찾아보기 힘듭니다. 혹여 있다 하더라도 간단한 작동법 소개와 기초적 해석의 수준에 머물고 있습니다. 이 책을 집어 든 독자들이라면 다들 아시겠지만, 통계분석은 어떠한 알고리즘과 옵션을 선택하는가에 따라 결과가 크게 달라집니다. 그 때문에 통계분석에서 무엇보다 중요한 것은 사용하는 알고리즘과 옵션에 대한 정확한 이해, 각 옵션에 대한 올바른 결과 해석 등입니다. 이 책은 이러한 점을 염두에 두고 SPSS에 최근 애드온된 알고리즘 중 저의 전공에 가장 부합하는 신경망, 서포트 벡터 머신(support vector machine, SVM), 랜덤포레스트(random forest)에 대해 상세히 집필한 것입니다.

저는 20년 넘게 실무에서 실제 데이터를 다루면서 지내왔습니다. 다양한 산업 분야의 데이터를 가지고 책에서는 결코 가르쳐주지 않는 분석방법을 몸으로 터득하면서 데이터를 가공·분석하여 마케팅 전략으로 도출해내는 작업을 수행해왔습니다. 유명한 사람은 아니지만 학교에서 배울 수 없는 통계분석의 가치를 체험하며 살아왔기 때문에 나름의 자부심도 있었습니다. 하지만 이 책을 마무리하면서 저는 제 실력이 한 줌의 겨와 같다는 것을 깨달았습니다. 제가 알고 있는 지식도 부족하거니와 표현할 수 있는 능력도 보잘것없음을 깨달았습니다. 무엇보다 머리로 아는 것과 표현하는 것은 다르다는 점을 실감했습니다. 그래서 이 책을 읽고 혹 내용 이해에 어려움을 느끼는 독자들이 있다면 용서를 구하고 싶습니다. 아울러 의문 나는 점이 있다면 언제든 연락주시고 함께 논의하고 싶습니다.

그럼에도 불구하고 분명히 말씀드릴 수 있는 것은 제가 통계를 공부하고 업으로 삼으면서 늘 마음속에 간직하고 있는 점, '난해한 수식의 해석에서 벗어나 실제 사용할 수 있는 지식이 될 수 있도록 하라'는 점을 이 책에 반영하고자 노력했다는 것입니다. 삼국지에 '세상이 난세에 이르면 필요한 것은 문장과 학식, 수양이 아니라 그것을 실천할 수 있는 힘이다'라는 구절이 있습니다. 이 책은 그러한 차원에서 어려운 고급 통계분석의 하나인 신경망, SVM, 랜덤포레스트를 실무에서 쉽게 이해하고 활용할 수 있도록 정리한 안내서입니다. 부족한 글이지만 독자 여러분들이 각자의 분야에서 데이터 분석을 수행할 때 조금이라도 도움이 되었으면 하는 마음입니다.

2018년 5월
조용준

차례

1부 빅데이터 분석의 개념

1장 빅데이터는 분석이다

2장 인공지능과 빅데이터 분석

2부   신경망 분석

3부   서포트 벡터 머신(SVM)

4부 랜덤포레스트

5부

데이터 분석의 이슈

1부

빅데이터 분석의 개념

1 빅데이터 시대

2007년 이후 스마트폰 사용이 일반화되면서 페이스북, 트위터 등의 SNS(social network service) 활성화, 구글 등 고도화된 검색엔진의 활성화, 유튜브나 개인화 방송 등의 동영상 파일 대량 생성과 같은 변화가 일어나고 빅데이터 시대가 열리게 되었다. 이에 따라 데이터의 볼륨(양)은 2007년 0.28ZB(제타바이트)[1]에서 2015년도에는 8ZB로 약 29배에 달하는 폭발적 증가를 하였다.

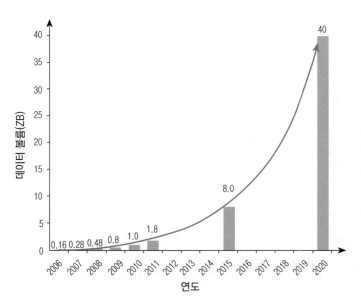

[그림 1-1] 빅데이터 볼륨 트렌드

---

1   1ZB는 1024EB(엑사바이트), 1조 1000억GB(기가바이트)에 이른다.

빅데이터는 이렇게 기하급수적으로 쌓이는 데이터에 대한 시스템적 처리 과정에서 등장하게 되었다. 그러나 오늘날 많은 이들이 빅데이터를 단순한 시스템의 관점이 아니라 무엇이든 뽑아낼 수 있는 마법의 상자로 인식하고 있다. 아래 그림은 빅데이터에 대한 사람들의 관심이 급속히 증가한 경향을 잘 보여준다. 빅데이터 검색 트렌드의 추이를 살펴본 결과, 2011년 3월부터 증가하기 시작해 가파르게 상승선을 그리다가 2017년 5월에 정점을 넘어섰다.

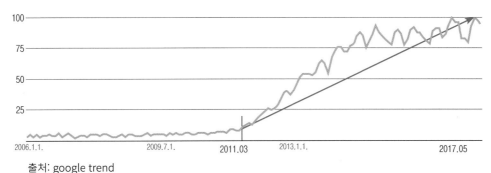

출처: google trend

[그림 1-2] 빅데이터 검색 트렌드

우리나라에서는 2010년 이후 빅데이터가 ICT(information and communication technologies) 업계의 화두로 등장하였다. 초기에는 시스템 관점에서 하둡과 같은 기술에 초점이 맞추어져 있었으나 각종 빅데이터 성공 사례가 전파되면서 1990년대 말~2000년대 초반 핫이슈가 되었던 CRM(customer relationship management)과 같이 빅데이터가 BI(business intelligence) 분야의 핵심 이슈로 자리매김하였다. 이후 빅데이터의 성공 사례로 발표된 내용에 대한 검증이 이루어지면서 기존의 활용 사례와 크게 다르지 않고 실체가 없다는 인식이 확산되어 한때 열기가 다소 시들해지는 경향도 보였다. 하지만 2016년, 이세돌과 구글 알파고와의 바둑 대전을 계기로 ICT 분야뿐만 아니라 일반인들에게도 빅데이터와 인공지능이 큰 관심의 대상으로 다시 떠올랐다. 빅데이터는 향후에도 개인화 기술이 발달함에 따라 급속히 증가할 것으로 전망되고 있다.

그런데 매일매일 증가하는 2.5QB(퀸틸리언 바이트)[2]의 방대한 데이터가 빅데이터의 핵심은 아니다. 빅데이터의 본질은 기존의 기술로 활용하지 못했던 데이터를 모으고, 합치고, 분석하여 유용한 정보를 산출하는 것이다. 즉 빅데이터의 핵심은 많은 양의 데이터 자체가 아니라, 그 데이터를 모으고 가공 처리하여 다이아몬드보다 값진 가치의 정보를 산출해내는 데 있다.

---

2 1퀸틸리언 바이트 = 100경 바이트

2 빅데이터의 개념[3]

빅데이터 개념이 등장한 초기에는 기존 데이터베이스 관리도구의 데이터 수집, 저장, 관리, 분석의 역량을 넘어서는 대규모의 데이터를 일컬었다.[4] 즉 데이터 사이즈의 규모에서 비롯되는 데이터 처리의 관점에서 등장한 것이다. 그러나 빅데이터에 대한 개념은 계속 변화·확장되고 있으며 빅데이터에 대한 국가별, 산업별, 활용방법별 시각과 접근방법도 달라지고 있다.

빅데이터의 기본적 특징으로는 3V를 꼽는다. 3V는 Volume(규모), Velocity(속도), Variety(다양성)로 초대용량 데이터 규모, 빠른 생성 속도, 정형·비정형의 다양한 데이터 유형 등을 말한다. 이에 따라 초대용량 데이터를 저장할 수 있는 능력, 빠른 생성 속도에 대한 실시간 처리 능력, 정형·비정형에 대한 분석 능력 등이 빅데이터의 가장 큰 이슈로 대두되었다.

최근에는 Value(가치), Veracity(진실성), Variability(가변성) 중 하나를 추가하여 4V로 빅데이터의 특징을 정의하기도 한다. 이외에도 Complexity(복잡성)를 추가하기도 한다.[5] 한편, 우리나라의 빅데이터 활용 사례를 통해 살펴보면 Geographic(지리기반정보) 역시 빅데이터의 특징에 포함될 수 있을 것으로 보인다. 일반적으로 Geographic적 특징을 Variety의 한 부분으로 볼 수 있으나, 본서에서는 우리나라 빅데이터의 특징 중 가장 두드러진 부분으로 판단하여 별도로 분리해서 빅데이터의 특징으로 제시한다.

---

3 '조용준 (2016). 수산업의 빅데이터 기반구축 방향. 수협 수산경제연구원. 정기연구보고서, pp. 15–23'에서 내용을 발췌 편집하였다.

4 McKinsey&Company (2011). Big Data: The Next Frontier for Innovation, Competition, and Productivity. McKinsey&Company report.

5 이지영 (2015). 빅데이터의 국가통계 활용을 위한 기초연구. 통계개발원. pp. 50–51.

[표 1-1] 빅데이터의 특징

특성	주요 내용	주요 요구
Volume	SNS와 스마트 기술의 발전에 따라 미디어파일 등이 대폭 증가하고 엑사바이트, 제타바이트 시대에 도립함	기존의 DB 저장 시스템의 한계 극복
Velocity	크라우드, 사물인터넷, 스트리밍 정보 등과 같은 실시간 정보가 증가함에 따라 데이터의 배치 처리에서 실시간 처리로 변화함	대규모 데이터 처리 및 실시간 분석
Variety	동영상, SNS, 행동패턴, 로그 등 다양한 종류의 데이터에 따른 정형·비정형화된 다양한 유형의 데이터가 등장함	정형화된 통계분석기법에서 비정형 데이터분석
Value	'가비지 인, 가비지 아웃(Garbage In, Garbage Out)' 활용 가능한 유용한 정보 산출을 통한 의사결정지원 수단으로의 필요성이 대두됨	데이터 자원·품질 관리. 정보과학자(data scientist)
Complexity	구조화되지 않는 데이터, 저장방식의 차이, 중복성 문제, 다양한 데이터 종류, 외부 데이터와의 연계 등으로 인해 데이터 관리 및 처리의 복잡성이 심화됨[6]	데이터마이닝, 딥러닝 등의 기술. 비정형 데이터분석. 데이터 품질관리
Geographic	스마트폰, 무선와이파이, 각종 카드 사용 위치 등 다양한 위치기반정보와 패턴정보가 결합된 데이터가 등장함	지리정보와 패턴정보 결합 분석

출처: 조용준 (2016). 수산업의 빅데이터 기반구축 방향. 수협 수산경제연구원. 정기연구보고서

이러한 특징을 바탕으로 빅데이터에 대한 정의는 시대별, 국가별, 산업별로 다르게 정의되고 있다. 먼저 우리나라 정부기관의 빅데이터에 대한 정의를 살펴보면 다음과 같다. 국가정보화전략위원회(2011)는 '빅데이터란 대용량 데이터를 활용·분석하여 가치 있는 정보를 추출하고, 생성된 지식을 바탕으로 능동적으로 대응하거나 변화를 예측하기 위한 정보화 기술'이라고 정의하였다. 방송통신위원회(2012)는 '데이터의 형식이 다양하고 유통속도가 빨라서 기존의 방식으로는 관리·분석하기 어려운 대용량의 데이터'로 빅데이터를 정의하였다. 그리고 행정자치부(2014)는 '빅데이터란 다양한 형식의 대용량 데이터를 의미하며, 최근에는 데이터 분

6　Gartner (2011). 2011 Gartner Report.

석을 통해 새로운 가치를 만들어내는 것까지 그 의미가 확대되었다'고 정의하였다.[7] 한편, 가트너(Gartner)는 빅데이터를 '합리적 의사결정과 고도화된 통찰력을 위한 비용 효율적이며 혁신적 형태의 Volume, Velocity, Variety한 데이터'로 정의하였다.

이상의 내용을 종합해볼 때 빅데이터 개념은 데이터 사이즈의 규모에서 비롯되는 처리의 관점에서 통용되다가 최근에는 Value(가치)라는 유용한 정보의 활용을 통한 의사결정 지원의 기초 도구로 그 정의가 전환되고 있음을 알 수 있다. 본서에서는 빅데이터의 기초 개념을 '기존의 3V에 데이터 활용을 통한 가치창출의 개념인 Value를 더한 데이터'로 정의하고자 한다. 이와 더불어 우리나라의 특성을 감안하여 Geographic이 결합된 개념도 포함하고자 한다.

3 빅데이터와 일반데이터의 구분[8]

빅데이터에 대한 특징을 4V 등으로 정의하고 있지만 Volume size, Velocity와 Variety의 정도, Value의 판단 등에 대한 명확한 규정은 없다. 예를 들어 Volume은 매우 큰데, Velocity는 빠르지 않으며, Variety는 단순하고, 활용되는 Value는 높은 데이터가 있다고 가정하면, 이러한 데이터는 빅데이터가 아니라고 명명하기 어렵다는 것이다. 학술적으로 빅데이터에 대한 정의를 내릴 수는 있으나 현실적으로 통용되는 것을 감안할 때는 빅데이터에 대해 정의하기 어려운 것이 사실이다. 반대로 스몰데이터라는 용어도 있다. 스몰데이터는 개인의 취향이나 건강, 생활 등 사소한 행동에서 나오는 정보로 정의된다.[9] 하지만 이러한 용어도 정확한 개념을 정립하고 있지 못하다.

최근에는 경제지표나 각종 기록 등과 같이 측정되는 통계데이터, 의견을 취합하여 기록하는 설문데이터와 같이 통계적 모집단을 가정하고 수집·측정한 데이터를 제외한, 온라인 또는 전산상으로 발생되는 트랜잭션(transaction) 데이터는 모두 빅데이터로 명명하고 있는 추세이다. 따라서 본서에서는 빅데이터, 통계데이터, 설문데이터로 나누어 빅데이터와 일반데이터를

---

7 이지영 (2015). 빅데이터의 국가통계 활용을 위한 기초연구. 통계개발원. p. 51.
8 '조용준 (2016). 수산업의 빅데이터 기반구축 방향. 수협 수산경제연구원. 정기연구보고서, pp. 15-23'에서 내용을 발췌 편집하였다.
9 매일경제용어사전

구분하고자 한다.[10] [표 1–2]는 연구자가 파악한 정보를 바탕으로 각 구분별 특성을 제시한 결과이다.

[표 1-2] 빅데이터와 일반데이터의 구분

특성	빅데이터	통계데이터	설문데이터
생성 목적	비목적/특정 목적	통계생산	특정 사업목적
모집단 여부	모집단/샘플집단	샘플집단	샘플집단
데이터 유형	정형/비정형/반정형	정형	정형/반정형
데이터 규모	대규모	소·중·대규모	소규모
데이터 가치	낮음/높음	높음	높음
생성 시간	실시간/주기적	주기적	일시적
생성 단가	저비용	고비용	고비용
주요 분석기법	데이터마이닝/ 확률기반 통계이론	확률기반 통계이론	확률기반 통계이론
생성 주체	기계/사람	사람	사람
수집 방식	자동/반자동/수기	반자동/수기	반자동/수기

---

10 이지영(2015)은 빅데이터, 행정자료, 공식통계로 구분하였다.

4 빅데이터의 핵심 초점[11]

1-1 빅데이터 분석

앞에서도 언급하였듯이 빅데이터 개념이 처음 등장했을 때는 기존의 전산 개념으로는 처리하기 힘든 데이터에 대한 저장 및 처리 방법의 관점에서 주목받았다. 그 이유는 전산 분야의 회사들이 화두를 만들어낸 것이기 때문이다. 그러나 데이터에 대한 이 같은 국소적인 시각으로는 빅데이터가 사회의 보편적 화두로 자리 잡을 수 없다. 빅데이터의 핵심은 과거에 하지 못했던 초대용량의 비정형 데이터를 실시간으로 분석하여 높은 가치의 정보를 산출하고 이를 의사결정에 활용할 수 있다는 점이다. 즉 빅데이터 그 자체가 중요한 것이 아니라, 빅데이터 분석을 통해 산출된 고부가가치의 정보를 활용할 수 있다는 의미에서 빅데이터는 미래사회의 화두가 될 수 있다.

1-2 매쉬업(mash-up)

Variety는 하나의 데이터 소스(source)가 아니라 멀티 데이터 소스에 기인한다. 빅데이터의 가치는 이처럼 다양한 소스에서 산출된 데이터가 조합되어 정보의 시너지 효과가 일어날 때 발생한다. 즉, 기존의 데이터와 빅데이터의 가장 큰 차이는 멀티 데이터 소스라고 할 수 있다.

기존의 데이터 분석은 소수의 데이터 정보를 바탕으로 수행되었다. 하지만 빅데이터 분석은 다양하고 이질적인 정보의 융합을 통해 우리가 예상할 수 없던 정보를 찾아내는 것을 일컫는다. 이것이 빅데이터 가치의 핵심이 된다. 예를 들어, 기존에는 버스 노선을 최적화하거나 신규 노선을 생성할 때 지방정부가 지역 내의 망(network) 커버리지(coverage)의 관점에서 접근하였다. 지역 내에 버스를 연계하는 촘촘한 그물망을 짜서 연결되지 않는 동네가 없도록 만드는 것이 초점이었다. 이때 사용되는 정보가 공공정보인 거주지역 인구정보와 기존 버스 노선 운행 등의 정보였다. 그런데 최근에는 빅데이터 분석을 통해 휴대폰의 개인위치정보를 연계하여 사람들이 주로 어느 시간대에 어떠한 방향으로 이동하는지 등을 파악하고, 이를 기존

---

11 '조용준 (2016). 수산업의 빅데이터 기반구축 방향. 수협 수산경제연구원. 정기연구보고서, pp. 15-23'에서 내용을 발췌 편집하였다.

의 정보와 결합하여 심야버스 노선도, 버스별 운영 간격, 버스와 지하철 간 연계 최적화 등을 추진하게 되었다.

　매쉬업의 의미는 잘게 갈아 으깨어 하나의 통합적 관점의 데이터를 생성한다는 것으로, 위의 사례는 이질적 정보의 융합인 매쉬업의 중요성을 보여주는 것이다. 매쉬업은 빅데이터 분석의 핵심이요, 빅데이터 활용 고도화를 위한 기본 인프라 요소이다.

1-3 Value

빅데이터 분석은 결국 의사결정을 위한 가치 있는 정보의 창출이다. 매쉬업을 수행하는 이유는 데이터 공간의 제약에서 벗어나 여러 공간에 있는 데이터를 바탕으로 기존에 하지 못했던 분석과 기존 분석을 통합한 시너지 정보를 도출하기 위함이다. 즉 빅데이터 분석이 추구하는 방향은 매쉬업을 통해 다양한 데이터를 결합하여 빅데이터화를 이루고, 그 과정에 여러 가지 빅데이터 분석기법을 적용함으로써 가치 있는 정보를 산출하는 것이다. 이러한 과정에서 파생되는 모든 기술적 학문적 실용적 관점이 빅데이터 분석이라는 이름으로 통용되고 있다.

5 빅데이터의 정의[12]

앞에서 빅데이터의 특성을 Volume, Velocity, Variety, Value, Complexity, Geographic으로 정의하였다. 그런데 이 6가지 특성 중 몇 가지가 결합되어야 빅데이터로 정의할 수 있는지에 대해서는 명확히 알 수 없다. 여러 문헌에서도 빅데이터에 대한 추상적 개념만을 제시하고 있다.

이 책에서는 빅데이터와 통계데이터, 설문데이터를 구분하여 제시한다. 1차 로우 데이터(raw data)를 가공하여 산출한 집계 데이터(통계데이터)를 빅데이터로 보기는 힘들다. 다만 여러 통계데이터가 통계데이터로 결합된다면 빅데이터로 볼 수 있다. 왜냐하면 여러 데이터가 결합되는 과정에서 빅데이터의 6가지 특성이 생성되기 때문이다.

요컨대 본서에서는 빅데이터를 Volume, Velocity, Variety의 특성을 모두 지닌 원소스(one source) 데이터이거나, 여러 특성의 데이터 소스가 결합되어 Volume, Velocity, Variety, Value, Complexity, Geographic 특성을 지니게 된 데이터로 정의한다. 그리고 빅데이터화는 빅데이터와 일반데이터,[13] 일반데이터와 일반데이터, 빅데이터와 빅데이터 등 여러 정보가 상호 결합되어지는 것으로 정의한다. 즉, 매쉬업화하는 과정을 모두 빅데이터화로 명명한다.

빅데이터화 과정에 대한 프로세스는 다음 [그림 1-3]에 제시하였다.

[그림 1-3] 빅데이터화 프로세스

---

12 본 절의 내용은 '조용준 (2016). 수산업의 빅데이터 기반구축 방향. 수협 수산경제연구원. 정기연구보고서, pp. 15-23'에서 발췌 편집하였다.

13 빅데이터가 아닌 모든 데이터를 총칭한 용어이다.

2장
인공지능과 빅데이터 분석

1 인공지능의 대두

이세돌과 알파고의 대국에서 알파고가 승리를 거두면서 인공지능이 국내에서 커다란 관심을 끌게 되었다. 2016년 3월 9일 첫 대국을 할 때까지만 해도 사람들은 별다른 관심을 보이지 않았다. 컴퓨터가 인간의 영역인 직관과 통찰력을 갖추지 못했다고 생각했기 때문이다. 하지만 이세돌이 3판 연속 불계패를 당하면서 많은 사람들이 알파고의 능력에 당혹감을 느끼고 큰 관심을 가지기 시작했다.

바둑의 경우의 수는 $2×10^{170}$으로 우주 전체의 원자개수 $12×10^{78}$보다 많다.[1] 현재의 상식으로 컴퓨터도 계산해낼 수 없는 경우의 수이다. 그래서 이세돌을 이기지 못할 거라고 예상한 것이다. 그러나 알파고의 등장은 사실상 과거 20년 전에 예견된 것이다. 1997년 IBM의 슈퍼 컴퓨터 딥블루와 세계 최고의 체스선수 가리 카스파로프(Garry Kasparov)의 경기 때에도 사람들은 똑같은 반응을 보였다. 10^{120}의 경우의 수를 가지는 체스를 컴퓨터가 이길 수 없을 것으로 예상했다. 하지만 컴퓨터는 사람을 이겼고, 그 이후로 20년이 지난 현재까지 아무도 컴퓨터를 상대로 체스 경기에서 승리하지 못했다. 이제 바둑 분야도 체스와 같은 길을 걷기 시작한 것이다.

단순 계산 부분에서 인간의 능력은 컴퓨터의 능력에 발끝도 따라가지 못한다. 하지만 수치화되지 않은 데이터 처리에 있어서는 컴퓨터보다 우위에 있다. (적어도 얼마 전까지는 그러했다.) 대표적인 것이 사람의 얼굴 인식과 같은 비정형 데이터의 처리이다. 컴퓨터는 사람의 얼굴을 보고 그가 누군지 알아내기 위해서 가지고 있는 데이터를 일일이 다 비교해봐야 한다. 만약 우리나라 국민이 대상이라면 인간을 구별할 수 있는 여러 가지 패턴을 5,000만 번 이상 비교

---

1 인터넷 검색 자료

해야 누군지 알 수 있는 것이다. 하지만 사람들은 어떤 이를 보자마자 그 사람과 다른 사람을 구분해낼 수 있는 직관력 또는 통찰력을 가지고 있다. 이것이 기계보다 앞서는 인간의 능력이다.[2]

인공지능(artificial intelligence, AI)은 기계로 하여금 인간의 지능과 같은 능력을 지니게 한다는 의미이다. 인공지능에 대한 관점은 공학에서 많이 연구되고 있는데, 일반적으로 빅데이터에서의 인공지능은 인간의 학습방법을 모방하여 분석하는 방법을 통칭한다. 인공지능은 1970~1980년대부터 지속적으로 연구되어왔으며 1990년대 중반 데이터마이닝의 개념이 도입되면서 인공지능의 방법이 통계적 분석에 도입되었다.

이세돌과 알파고의 사례로 다시 돌아가면, 알파고가 이세돌을 이길 수 있었던 것은 딥러닝(deep learning)이라는 학습방법 때문이다. 딥러닝은 인공지능신경망(artificial neural network, 이하 신경망)의 학습방법을 발전시킨 알고리즘으로, 인간의 두뇌세포 구조와 기능을 컴퓨터에 적용하기 위해 1970~1980년대에 고안되어지기 시작했다. 즉 인간의 학습구조를 컴퓨터가 흉내 내기 시작한 것이다. 알파고는 혼자서 하루에 바둑을 몇만 번 두면서 인간처럼 학습한다고 한다. 1년이면 1억 번 이상 바둑을 두는 것이다. 그렇게 어마어마한 양의 데이터를 축적하고 학습을 통해 패턴과 규칙을 찾아내어 예측하고 전망하는 것이다. 기계와 컴퓨터를 앞서던 인간의 직관과 통찰력을 이제 컴퓨터도 지니게 된 것인데, 여기서 중요한 것은 기계가 엄청난 양의 데이터, 즉 빅데이터에서 원하는 정보를 분석한 후 그것에 대하여 통찰력을 가지고 판단해낼 수 있다는 것이다. 이것이 인공지능을 쉽게 풀어 설명할 수 있는 대표적 사례이다.

하지만 알파고와 같은 인공지능기술은 아직 일반화되지 못했다. 알파고는 중앙처리장치가 1,202개이고 그래픽 처리장치도 176개, 100만 기가바이트(1페타바이트)의 DDR4 메모리, 100 기가바이트 광네트워크, 클라우드 분산 컴퓨팅 기술로 구성되어 있다. 단, 지금과 같은 속도로 기술이 발전한다면 머지않은 시점에 알파고와 같은 분석능력을 개인용 컴퓨터(PC)에서도 구현해낼 수 있을 것이다.

---

2 '조용준 (2016). 수산업도 알파고이다. 수협 수산통계월보 수산이슈 기고문'에서 발췌 편집하였다.

2 인공지능의 학습방법

2-1 기계학습의 개념

인공지능의 학습방법은 인간의 학습방법을 컴퓨터에 구현한 것이다. 이를 다른 말로 기계학습이라고 한다. 기계학습의 개념을 알아보기 위해 다음과 같은 질문들을 살펴보자.

• 학습은 무엇일까?

인간은 위에서 언급한 바와 같이 학습을 통해 통찰력과 직관력을 지니게 되며 이를 통해 현재와 같은 고도화된 문명을 창조하게 되었다. 학습은 '경험을 통해 얻는 행동과 지식에서의 영속적인 변화'로 정의할 수 있다. 경험은 '어떠한 정보와 그로 인해 산출된 결과'를 말한다. 산출된 결과물이 반복해서 지속적으로 쌓이면 행동과 지식으로 축적된다. 하지만 산출된 결과물은 불변하는 것이 아니고 지속적으로 축적될수록 다르게 바뀔 수 있다. 즉 학습은 유사한 정보와 그 결과를 반복하여 쌓는 과정이라고 정의할 수 있고, 학습의 결과물은 통찰력과 직관력을 갖춘 지식이라고 볼 수 있다.

• 그렇다면 인간은 어떻게 학습을 할까?

전문용어로 전기 펄스에 의한 신경세포 간의 자극반응으로 학습을 한다고 한다. 뇌의 신경세포를 이루는 가장 작은 단위를 뉴런이라 하고 뉴런 간의 자극으로 학습이 이루어진다. 이런 뉴런 간의 상호자극을 신경망(neural network)이라고 한다. 신경망들의 동일한 신호의 상호자극이 반복되면서 학습이 이루어진다.

• 왜 기계에 인간의 학습방법을 구현하려고 할까?

인간은 편리함과 안락함을 추구해왔다. 이러한 이유에서 계산기가 만들어졌고 더 나아가 컴퓨터가 생겨나게 되었다. 컴퓨터는 계산과 같은 직렬처리에 있어서 인간의 능력보다 훨씬 우위에 있다. 하지만 인간의 의사결정과정은 단순한 계산만으로 이루어지지 않는다. 다양한 정보에 대하여 패턴의 연관성을 찾고 거기에 숨겨져 있는 무언가를 찾아내는 일은 기계적 계산 활동으로 해낼 수 없다. 대화에 있어서도 기계는 주어진 문장 외에는 답변할 수 없다. 설령 할 수 있다 하더라도 엄청난 시간이 소요된다. 기계학습은 이러한 단점을 보완하여 인간이 수행하는 의사결정을 기계가 대신해줄 수 있도록 인간의 학습방법을 컴퓨터에 구현한 것이다. 즉 인간 두뇌의 학습방법을 모방하여 컴퓨터에 적용한 것이다.

• 기계학습으로 무엇을 할 수 있는 것인가?

우리가 데이터를 가지고 있다고 하자. 이 데이터만으로는 무슨 정보가 있는지 알 수 없다. 이러한 데이터를 무질서한 데이터라고 한다. 기계학습을 시키는 이유는 무질서한 데이터로부터 우리가 알고 싶거나 가치 있다고 생각하는 정보를 파악하기 위해서다. 기계학습을 통해 데이터 간의 유사성, 패턴, 규칙 등을 파악할 수 있다. 그리고 더 나아가 데이터의 전체 특성과 연관성 탐지, 유사한 정보 분류/판별, 특정치의 결과값 추정 등을 할 수 있다. 특히 분류/판별, 결과값 추정 등은 미래 변화를 예측하는 데 유용하게 활용할 수 있다.

2-2 기계학습의 종류

빅데이터 분석 또는 데이터마이닝에서의 기계학습은 신경망 알고리즘에서 사용되던 개념이 적용된 것으로 보는 것이 일반적이다. 본 장에서는 기계학습에 대한 세부적 설명보다는 개괄적인 분석 차원에서 바라본 기계학습에 대해 설명하기로 한다.

기계학습의 종류는 오차-수정 학습(error-correction learning), 기억-기반 학습(memory-based learning),[3] 헵의 학습(Hebbian learning), 경쟁 학습(competitive learning), 볼츠만 학습(Boltzmann learning), 지도학습(learning with teacher), 비지도학습(learning without a teacher) 등이 있다. 빅데이터 분석 또는 데이터마이닝, 통계적 분석방법[4] 등 데이터 분석에 주로 많이 사용되는 학습방법은 지도학습과 비지도학습이다.

1) 지도학습

지도학습은 학습하는 방법을 지도 또는 관리해주는 것으로 관리학습(supervised learning)이라고도 부른다. '이러한 경우의 결과는 이것이고, 저러한 경우의 결과는 저것이다'라고 사전에 알려주는 학습방법이다. 학습이 잘 수행되는지(reinforcement learning), 정확한 해답이 무엇인지(fully supervised learning) 등을 알고 있는 'teacher'에 의해 학습이 이루어진다.

---

3 사례기반 학습이라고도 한다.
4 빅데이터 분석, 데이터마이닝, 통계적 분석방법에 대한 구분은 본 장의 '5 빅데이터 분석' 부분에서 다룬다(p. 30 참조).

빅데이터 분석의 기본이 되는 데이터마이닝에서 지도학습의 관점은 투입변수(독립변수, 설명변수)들의 값이 이러이러할 때 목표변수(종속변수, 반응변수)의 값이 이러했다고 알려주는 것이다. 이러한 사례가 반복하여 축적되면 독립변수들의 값의 변화를 일반화[5]할 수 있는데, 이렇게 일반화된 독립변수의 값일 때 목표변수의 값이 어떻게 될 확률이 가장 높은가를 찾아내면 된다는 관점이다. 즉 어떤 조건의 투입변수들의 값이 존재할 때, 목표변수가 과거 가졌던 값들 중 가장 많은 케이스를 확률이 가장 높은 값으로 제시해주는 것이다. 이러한 방식을 빅데이터 분석에서는 지도학습이라는 개념으로 사용하고 있다.

- **빅데이터 분석에서의 지도학습 개념**
  - 사전에 목표변수의 값을 알고 있는 경우의 학습방법
  - 목표변수가 존재하는 경우의 학습방법

2) 비지도학습

비지도학습은 비관리학습(unsupervised learning), 자율학습이라고도 한다. 지도 또는 관리가 없는 학습방법으로, 스스로 알아서 학습하여 특정한 지식을 축적하는 것이다. 데이터 속에서 사전에 알지 못했던 성질(정보)을 찾아내 반영하도록 하는 학습이다.

빅데이터 분석에서 비지도학습의 관점은 투입변수들의 값을 가지고 특성과 규칙 등을 찾으라는 것이다. 인간이 스스로 아무 정보 없이 경험으로 깨우쳐가는 것과 같은 의미이다. 이렇게 되면 투입변수의 값들(케이스) 간에 상호 유사한 정도를 찾게 되고, 이러한 사례가 반복하여 축적되면 유사한 케이스들끼리 묶어 일반화시킬 수 있게 된다는 것이다. 즉 어떤 조건의 투입변수들의 값이 존재할 때, 어떠한 투입변수들의 값들과 유사하다는 결과를 제시해주는 것이다. 일종의 군집(cluster) 또는 연관규칙(association rule)을 찾아 제시해주는 것이다. 이러한 방식을 빅데이터 분석에서는 비지도학습이라는 개념으로 사용하고 있다.

- **빅데이터 분석에서의 비지도학습 개념**
  - 사전에 목표변수의 값을 알지 못하는 경우의 학습방법
  - 목표변수가 존재하지 않는 경우의 학습방법

---

[5] 일반화란, 여러 가지의 개별적 사건을 하나의 특징 또는 설명으로 정의할 수 있는 것을 말한다.

2-3 심층학습의 개념

1) 딥러닝의 배경

심층학습(딥러닝, deep learning)은 기계학습의 비지도학습과 지도학습을 합쳐놓은 개념이다. 기계학습은 인공신경망 알고리즘에서 산출되어 데이터마이닝의 기본 학습개념으로 일반화되었다.

신경망의 기계학습에 대한 단점이 1990년대부터 대두되기 시작했다. 가장 큰 단점은 역전파오류망(back propagation)[6]의 국소지역해(local minimum solution)에 종종 빠진다는 것으로, 이는 신경망이 대역해(global solution)를 산출하지 못하여 결과가 일반화되지 못한다는 것을 의미한다. 즉 기계학습에서 결과를 산출할 때는 오차가 가장 작은 상태를 최적의 해로 제시하게 된다. 학습을 하는 과정에서 가장 작은 오차를 최적의 해로 제시하였으나, 이보다 더 작은 오차를 갖는 해가 존재할 수 있다는 것이다. 이러한 해를 국소지역해라고 한다.

예를 들어, 최정상의 봉우리를 찾기 위해서 산을 오른다고 가정해보자. 신경망은 계속 산에 오르다가 어느 지점에서 내려가게 되면 바로 그 지점을 정상이라고 생각한다. 하지만 등산로를 걷다 보면 내리막길이다가 다시 오르막길이 나타나기도 하고 실제 정상은 또 다른 곳에 있을 수 있다. 이렇게 산을 오르내리는 과정에서 가장 높은 봉우리를 찾아야 최정상이라고 주장할 수 있는 것인데, 신경망은 한 개의 봉우리에 올랐다가 내려가면서 여기가 최정상이라고 간주하는 것이다.

이처럼 신경망은 학습하는 과정에서 오차율이 감소하다가 어느 시점에서 오차율이 높아지게 되면, 그 변곡점을 최적의 해라고 산출하는 국소지역해의 오류에 빠지게 된다. 다음 [그림 2-1]은 국소지역해와 대역해를 나타낸 것이다.

---

6 역전파오류망에 대한 보다 세부적인 내용은 '3장 신경망 개요' 부분에서 소개한다.

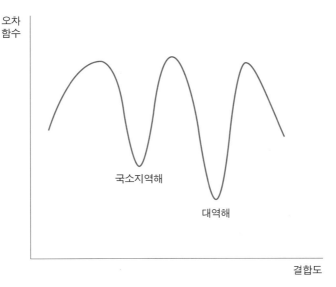

[그림 2-1] 오차함수에 따른 국소지역해와 대역해

2000년대 초에는 비선형함수를 사용하는 커널방법(support vector machine, SVM 등)이 기계학습의 새로운 대안으로 제시되기도 했다. 그러다가 2006년 토론토대학교의 제프리 힌튼 (Geoffrey Hinton) 교수 등이 'A fast learning algorithm for deep belief nets'[7]라는 논문을 통해 기존 신경망의 기계학습 과정에 사전학습(pre-training)의 개념을 제시하였는데, 이를 계기로 신경망의 학습방법이 딥러닝으로 발전하게 되었다. 즉 딥러닝은 기존의 신경망 학습방법의 단점을 보완하여 일반화된 대역해를 찾기 위해 개발된 알고리즘이다.

2) 딥러닝의 기초 개념

기존의 지도학습 신경망에서는 전체 데이터에 대해 역전파오류망을 적용하였다. 딥러닝은 역전파오류망을 적용하기 전에 사전학습(pre-training) 개념을 도입하였는데, 이는 복잡하게 흩어져 있는 데이터에 비지도학습을 통해 유사한 개체(데이터)들을 군집화하는 과정을 거치게 되면 신경망의 약점을 보완할 수 있다는 것이다. 군집화가 되면 이상치들로 인한 노이즈의 감소로 학습의 오류를 줄일 수 있게 된다.

딥러닝의 가장 기초적 개념은 사전학습을 통해 유사한 데이터를 군집화하고, 군집화된 데

---

7 Hinton, G. E., Osindero, S, Teh, Y. W. (2006). A Fast Learning Algorithm for Deep Belief Nets. *Neural Computation*, Vol. 18, No. 7.

이터에 신경망의 역전파오류망을 적용하는 방법이다. 딥러닝은 합성곱 신경망(convolutional neural network), 순환 신경망(recurrent neural network), 제한 볼츠만 머신(restricted Boltzmann machine), 심층 신뢰 신경망(deep belief network, DBN), 심층 Q-네트워크(deep Q-networks) 등으로 발전하게 된다. 각각의 알고리즘에 대한 소개는 본서의 범위에 해당하지 않아 다루지 않는다.

3 빅데이터와 인공지능의 관계

빅데이터와 인공지능의 관계는 음식 재료와 요리사의 관계로 빗대어 설명할 수 있다. 빅데이터는 다양한 음식 재료에 해당한다. 그러나 얼마나 많은 재료가 있느냐에 따라 요리가 결정된다고 볼 수는 없다. 요리를 만들어내는 일은 요리사의 몫이기 때문이다. 인공지능 알고리즘과 같은 빅데이터 분석방법론은 요리사에 해당한다. 각각의 알고리즘에 따라 서로 다른 요리가 나오고, 어떠한 요리를 먹을지는 사용자가 결정한다. 즉 빅데이터는 결과를 산출할 수 있게 해주는 재료이고, 인공지능은 재료를 가지고 결과를 산출해내는 도구이다. 산출된 결과를 활용하는 일은 사용자에게 달려 있다.

빅데이터   빅데이터 분석 결과

[그림 2-2] 빅데이터와 인공지능의 관계

4 통계분석과 기계학습의 차이

기계학습을 통해 데이터 간의 유사성, 패턴, 규칙 등을 파악하여 데이터의 특성과 연관성 탐지, 유사한 정보로 분류/판별, 특정치의 예측값 추정 등을 할 수 있다고 앞에서 언급하였다. 그런데 '기계학습이 생겨나기 이전에는 이러한 분석을 할 수 있는 방법이 없었을까?', 아니면 '있었는데 기계학습 방법보다 훨씬 성능이 좋지 않았던 것인가?'라는 의문이 들기도 한다. 결론부터 말하자면, 기존의 통계분석 방법론으로도 모든 분석이 가능하며 성능이 나쁘다고 할 수도 없다. 다만 비정형 데이터와 같은 데이터의 처리 부분에서 제약이 존재하는 것은 사실이다.

기존의 통계적 분석방법과 기계학습과의 차이를 간단히 비교해보도록 하자. 데이터가 빅데이터화되면서 모집단인지 표본집단인지의 구분이 모호해진다. 예를 들어 쇼핑몰의 고객데이터를 가정하면, 쇼핑몰에 가입한 고객 모두의 데이터가 포함되기 때문에 모집단이라고 볼 수 있다. 하지만 쇼핑몰에 고객이 계속 가입하게 되면 쇼핑몰의 모집단은 우리나라 국민 전체가 된다고 볼 수도 있다.

데이터 분석의 관점에서 기존의 통계분석 방법론과 기계학습 방법론의 차이는 '분석하는 데이터가 모집단인가, 아닌가'에 있다. 분석하려는 데이터가 전체 데이터이면 모집단이라고 하고 아니면 표본집단이라고 하는데, 기계학습 방법론은 모집단을 대상으로 하고 통계분석 방법론은 표본집단을 대상으로 한다. 따라서 통계분석 방법론의 기본 초점은 모집단을 추정하는 데 있다. 모집단을 알지 못하기 때문에 분포를 가정하고 그 가정이 맞는지 검정하게 된다. 반대로 기계학습은 모집단을 대상으로 하기 때문에 모집단의 특성과 패턴을 파악하는 데 초점을 둔다.

통계분석 방법론은 주로 19세기 말 이후에 개발되어진 방식이다. 그 당시에는 자료를 구하기 어렵고 비용도 많이 들었기 때문에 적은 양의 데이터를 통해 전체를 파악하는 데 초점을 둔 알고리즘이 개발된 것이다. 반면 기계학습 방법론은 최근 50년간 주로 개발되어진 방식이다. 인터넷의 보급으로 데이터의 양이 폭증하고 빅데이터 분석과 같은 이슈가 대두되면서, 모집단의 추정보다는 자료의 처리와 전체 데이터가 가지고 있는 정보의 파악에 집중하는 알고리즘이 개발된 것이다.

[표 2-1] 통계분석과 기계학습의 차이

구분	통계분석 방법론	기계학습 방법론
분석 대상	표본집단	모집단
데이터 유형	정형화된 수치형 데이터	정형/비정형 데이터
분석 관점	모집단 추정	모집단 파악
분석 과정	① 모집단 분포 가정 ② 표본집단이 모집단을 대표할 수 있는지에 대한 가설 검정 ③ 목표에 따른 결과 도출	– 목표에 따른 결과 도출
분석 목표	– 자료 기술 및 분포 확인 – 자료 축약 – 분류/판별 예측 – 예측값 추정	– 자료 기술 – 자료 축약 – 연관성 탐지 – 분류/판별 예측 – 예측값 추정
장점	– 산출된 결과가 보수적 관점에서 산출되어 결과의 신뢰성이 높음 – 적은 양의 데이터에 적용 가능함 – 모형산출 근거가 명확함	– 모든 데이터 유형에 적용 가능함 – 분석과정 단순화 및 결과 해석에 용이함 – 탄력적 분석방법론이 적용 가능함

5 빅데이터 분석

갑자기 혼돈이 생기기 시작한다. 조금 전에 빅데이터는 재료이고 인공지능은 요리사라고 하였다. 그렇다면 빅데이터를 분석하는 알고리즘이 인공지능인가? 데이터 분석의 관점에서 인공지능과 기존의 데이터마이닝과의 차이는 무엇일까? 또한 빅데이터 분석은 과거의 데이터 분석(데이터마이닝, 통계적 분석방법)과 무슨 차이가 있을까?

빅데이터 분석의 개념을 명확히 정의하는 문헌을 찾기는 힘들다. 말 그대로 하자면 빅데이터를 분석하는 것이 곧 빅데이터 분석이다. 먼저 데이터 분석기법의 관점에서 데이터마이닝과 인공지능 분석방법에는 큰 차이가 없다. 왜냐하면 데이터마이닝과 인공지능은 기계학습이라는 학습방법을 사용하기 때문이다. 데이터마이닝의 관점에서 보면, 인공지능 분석방법은 기존의 데이터마이닝 알고리즘이 점점 다양해지는 것이라고 볼 수 있다. 또는 점점 다양해지는 인공지능 분석방법을 수치적 데이터 분석에 적용한 것이 데이터마이닝이라고 볼 수도 있다. 본서의 관점이 넓은 범위의 수치적 데이터 분석이기 때문에 데이터마이닝과 인공지능은 같은 분석방법이라고 저자는 판단한다.

그렇다면 통계분석(statistical analysis), 데이터마이닝(인공지능 분석방법), 빅데이터 분석의 차이는 무엇일까? 문헌을 찾아보아도 이 차이를 구분해내는 자료는 거의 찾을 수 없다. 왜냐하면 통계분석 또는 데이터마이닝의 관점에서 볼 때, 빅데이터 분석에서 새롭게 대두된 분석 알고리즘은 거의 없기 때문이다. 최근 전산 솔루션 회사에서 빅데이터 분석 도구로 제시되는 사회망 분석(social network analysis, SNA)의 연결 강도 분석, 텍스트마이닝과 같은 비정형 데이터 분석 등은 기존의 통계분석과 데이터마이닝 분석 도구에서 대부분 제공되고 있던 분석 도구이다. 또한 솔루션 회사에서 빅데이터 분석이라고 소개하는 히트맵(heat map),[8] 버블 차트(bubble chart),[9] 이변량 밀도(bivariate density)[10] 등의 분석도 엄격히 보면 분석 결과를 시각화하여 보여주는 도구이지 빅데이터 분석이라고 할 수는 없다.

전산 시스템의 관점에서 빅데이터 분석은 기존의 분석처리 도구로는 분석이 되지 않는 많은 양의 데이터를 실시간 분석하는 것을 일컫는 것으로 추정된다. 하지만 과거에도 전산 시스템의 관점에서는 데이터마이닝 분석 알고리즘 역시 많은 양의 데이터를 실시간 분석하는 것을 목표로 하였다. 따라서 이것이 빅데이터 분석이라고 정의하기는 어려울 것으로 판단된다.

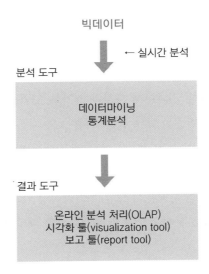

[그림 2-3] 빅데이터 분석 개념

---

8 분석 결과의 연결강도 또는 연관강도를 표시하는 그래프이다. 강도가 강한 부분은 진한 붉은색으로 나타난다.

9 각 개체의 영향력이나 파워를 원의 크기와 색깔로 표시하는 그래프이다.

10 이변량 밀도는 밀도 등고선, 특이점 마킹 등의 기법을 적용하여 나타낸 이변량 자료의 산점도이다.

본서와 같이 분석기법을 중심적으로 서술할 때, 전산처리 능력을 분석이라고 할 수는 없을 것이다. 그러므로 본서에서는 기존의 통계분석 및 데이터마이닝 알고리즘을 포괄하는 분석기법을 통해 데이터를 실시간 분석하고, 산출된 결과를 사용자가 쉽고 간단하게 이해할 수 있도록 하는 것을 빅데이터 분석이라고 정의한다.

6 빅데이터 분석 알고리즘의 종류

앞에서 기계학습의 개념을 살펴보면서 기계학습을 통해 데이터 간 유사성, 패턴, 규칙 등을 파악할 수 있다고 하였다. 이를 통해 전체 데이터의 특성, 연관성, 분류/판별, 결과값 추정 등이 가능하다고 언급하였다. '빅데이터 분석 알고리즘'은 이러한 목적을 수행할 수 있도록 고안된 알고리즘이다. 이 같은 알고리즘은 기존의 통계분석과 데이터마이닝에서 이미 대부분 개발되었고, 빅데이터가 등장한 이후에는 빅데이터 분석이 가능하도록 발전되고 있다. 빅데이터 분석에만 해당하는 알고리즘은 없다. 현재 데이터 분석 알고리즘은 지속적으로 개발·확장되고 있다. 따라서 위의 목적을 수행할 수 있는 모든 알고리즘을 빅데이터 분석 알고리즘이라 말할 수 있으며, 빅데이터 분석 알고리즘은 기존의 통계분석 알고리즘과 데이터마이닝 알고리즘을 포괄하는 것으로 정의할 수 있다.

본서에서는 수치적 데이터 분석에서 가장 많이 활용되는 주요 알고리즘을 중심으로 빅데이터 분석 알고리즘을 제시한다. 결과분석 도구나 시각화 도구는 빅데이터 분석의 도구로 볼 수 있지만 별도의 특별한 알고리즘이 있는 것은 아니다.

텍스트마이닝 알고리즘은 형태소 분석기 등을 통해 사전에 비정형 데이터의 처리과정을 거치고 패턴화된 비정형 데이터를 분석하는 것이다. 즉 비정형 데이터를 일정 부분 범주화 또는 정형화로 패턴화시킨 후, 기존의 통계분석 및 데이터마이닝 알고리즘을 이용해 분석하는 방법이다. 텍스트마이닝의 형태소 분석은 기존의 통계분석과 데이터마이닝 분석기법과는 다른 형태의 알고리즘이다.

사회망 분석(SNA)이 기존의 분석과 구별되는 빅데이터 분석의 특징으로 제시되기도 한다. SNA는 개인 또는 집단의 사회적 관계 구조를 분석하는 방법이다. 이 분석의 알고리즘은 각 개체의 연결성과 근접성을 분석하는 데 거리행렬 등을 이용한다. 실제 통계적 알고리즘의 대부분은 거리행렬, 선형 상관, 공분산 등을 기본으로 이용한다. 따라서 기존 통계적 알고리즘과 크게 다른 것은 아니다. 데이터의 관계를 보여주는 패턴이 기존의 알고리즘과 차별화된 것으로 볼 수 있다.

요컨대 본서에서는 SPSS를 이용한 분석기법에 초점을 두고 빅데이터 분석에 대해 설명하고자 한다. 따라서 텍스트마이닝과 SNA에 대한 부분은 다루지 않는다.

6-1 알고리즘 목적에 따른 분류

빅데이터 분석의 목적을 다시 정의하면 크게 자료의 기술(description), 분류/판별 (classification), 결과값 추정(estimation; 점추정), 연관성 규칙(association rule), 군집화 (clustering) 등 5가지로 구분할 수 있다.

이 중 '기술'은 자료에 대한 개괄적 분석으로 모든 분석의 기본이 되고 시각화로도 쉽게 표현할 수 있다. 따라서 실무에서 가장 많이 유용하게 사용되는 분석기법이다. 하지만 특별한 분석기법이라기보다는 자료의 기술이기 때문에 분석 알고리즘으로 표현하지 않는 경우도 있다. 기술의 가장 대표적 분석기법은 평균분석(기초통계분석), 빈도분석(frequency analysis), 결측치 분석, 데이터 품질분석 등이 있다.

'분류/판별'과 '결과값 추정'은 예측분석(predictive analysis)으로 통칭하여 사용된다. 분류/판별과 결과값 추정의 차이점은 목표변수의 유형(type)에 있다. 분류/판별은 명목형(범주형) 목표에 대한 예측이고, 결과값 추정은 연속형 목표에 대한 예측이다. 예를 들면, 내일 코스피 주식시장이 오를지 떨어질지를 예측하는 것은 분류/판별이고, 내일 코스피 지수가 몇이 될지를 예측하는 것은 결과값 추정이다.

분류/판별의 대표적 알고리즘은 로지스틱 회귀분석(logistic regression), 선형 판별분석 (linear discriminant analysis) 등이고 결과값 추정의 대표적 알고리즘은 선형 회귀분석(linear regression analysis), 시계열분석(time series analysis)[11] 등이 있다. 이와 같이 분류/판별과 결과값 추정에 있어서 알고리즘이 각각 다른 것은 통계분석을 기반으로 하는 알고리즘이 목표변수의 타입(연속형/범주형)에 따라 다르게 적용되기 때문이다.

대부분의 기계학습 알고리즘은 분류/판별과 결과값 추정을 동시에 수행할 수 있다. 대표적인 알고리즘으로는 신경망(neural network)의 MLP(multi layer perceptron)·RBF(radial basis

---

11 시계열 분석은 시간의 순서에 따른 영향 관계를 반영하는 분석기법으로 일반적 분석기법과 구분된다. 시계열 분석에도 다양한 알고리즘이 존재한다.

function), 의사결정나무분석(decision tree analysis)의 CART·C5.0·CHAID·QUEST, SVM(support vetor machine), 의사결정나무분석을 보완한 랜덤포레스트(random forest) 등이 있다.

'연관성 규칙'은 과거에는 장바구니분석(basket analysis)으로 많이 사용되었다. 데이터 내부의 항목 간 상호관계 또는 종속관계를 찾아내어 연관성 규칙을 찾아내는 알고리즘이다. 즉 'A+B인 경우에는 C이다'와 같은 규칙을 찾아내는 방법이다. 대표적인 알고리즘으로 아프리오리(apriori), CARMA(continuous association rule mining algorithm), 시퀀스 룰(sequence rule) 등이 있다.

'군집화'는 데이터들 간의 유사한 개체들은 묶고 이질적인 개체는 제외시키는 분석이다. 즉 데이터를 그룹화할 때 사용하는 분석방법이다. 대표적인 알고리즘으로 K-평균 군집분석(K-means clustering), 이단계 군집분석(two-step clustering), 코호넨망(Kohonen network) 등이 있다.

6-2 기계학습 종류에 따른 구분

기계학습의 종류로도 알고리즘을 구분할 수 있다. 기계학습은 지도학습과 비지도학습으로 구분된다고 이야기하였다. 쉽게 얘기해서 지도학습은 목표변수가 있는 경우이고, 비지도학습은 목표변수가 없는 경우이다. 알고리즘의 목적에 따른 구분에서 분류/판별과 결과값 추정의 알고리즘은 대부분 지도학습에 속하는 것이고, 연관성 규칙과 군집화는 대부분 비지도학습에 속하는 것이다.

6-3 빅데이터 분석의 주요 알고리즘별 구분

위에서 정리한 빅데이터 분석의 알고리즘과 분석 목적 및 학습 종류에 따른 구분을 아래의 [표 2-2]에 제시하였다. 여기서 소개한 것 이외에도 다양한 분석기법이 존재하며 계속 개발되고 있다.

[표 2-2] 빅데이터 분석의 주요 알고리즘별 구분 요약

문제 유형 & 기술 / 기술 & 알고리즘		감독 모델링 (supervised modeling)		비감독 모델링 (unsupervised modeling)	
		분류/판별 (classification)	추정 (estimation)	군집화 (clustering)	연관성 (association)
회귀	선형		●		
회귀	로지스틱	●			
의사결정나무		●	●		
신경망		●	●		
군집화				●	
연관성					●
기타	SVM	●	●		
기타	랜덤포레스트	●	●		

자료: ㈜ 데이타솔루션의 〈SPSS Modeler와 데이터마이닝〉 교재 내용을 수정하여 반영하였다.

7 빅데이터 분석을 위한 기본 지식

빅데이터를 실제 분석하기 위해 필요한 기본 지식은 통계분석 및 데이터마이닝 분석의 기본 지식과 동일하다.

- 변수(필드, 칼럼): 같은 특성 또는 목적으로 측정된 데이터값의 집합
- 속성(attribute): 변수가 가지는 특정한 수준 또는 범주
- 레코드(개체, 행): 여러 변수에 대해 1회 측정된 전체의 값
- 셀(cell): 여러 변수 중 한 변수의 여러 레코드 중 1개의 케이스
- 데이터 타입(변수 유형): 데이터는 크게 범주형 데이터와 연속형 데이터로 구분
- 종속변수(타깃변수, 내생변수, 목표변수): 분석의 목적이 되는(예측하고자 하는) 대상
- 독립변수(입력변수, 외생변수, 설명변수): 종속변수에 영향을 주는 변수
- 훈련용 데이터: 학습을 하는 데(모형을 만드는 데) 사용되는 데이터
- 테스트 데이터: 만들어진 모형을 검증하는 데 사용되는 데이터
- 과대적합(over-fitting): 훈련용 데이터에서는 모형의 정확도가 높은 데 반해 테스트 데이터에서는 정확도가 크게 감소하는 모형
- 과소적합(under-fitting): 과대적합에 반대되는 모형
- 분류/판별(classification): 범주형 종속변수에 대한 분류/판별 예측
- 결과값 추정(estimation): 연속형 종속변수에 대한 점추정 예측
- 모형: 독립변수(입력변수)를 투여했을 때 어떠한 결과값(Y)이 나오도록 해주는 근거
- 모형의 적합도: 생성된 모형이 얼마나 데이터를 잘 설명하는지 또는 잘 예측하는지를 평가하는 지표. 일반적으로 적합도 평가는 종속변수가 범주형 변수일 경우에는 예측 정확도(hit ratio)나 오류율(error rate)을 통해 평가하고, 연속형 변수일 경우에는 오차의 크기를 가지고 평가한다.

3장　신경망 개요
4장　신경망 분석 사례

2부
신경망 분석

본서는 이론을 설명하기보다는 독자들이 실무에서 직접 분석하고 활용하는 데 도움을 주기 위해 저술되었다. 따라서 본 장부터는 각 알고리즘에 대해 SPSS Statistics를 이용하여 분석하는 과정과 결과에 대한 해석을 중심으로 제시한다. 다만 분석을 위해 필요한 기초 개념은 제시토록 한다.

1 신경망의 개념

신경망(neural network)의 원래 명칭은 1부에서 밝힌 바와 같이 인공지능 신경망(artificial neural network)이다. 즉 인간 두뇌의 학습방법을 모방한 것으로, 주어진 데이터를 가지고 기계학습 알고리즘을 통해 반복적으로 학습하여 데이터 속에 담긴 패턴과 특징을 찾아내고, 이를 일반화(generalization)하여 향후 행동을 예측(prediction)하는 데 활용되는 분석 알고리즘이다.

기존 컴퓨터의 계산방식은 프로그램에 따른 순차적 연산처리였기 때문에 인공지능과 같은 방식을 수행할 수 없었다. 그러나 신경망 알고리즘이 개발되면서 학습을 통해 스스로 해법을 찾도록 설계할 수 있게 되었다. 즉 기존의 컴퓨터가 순차적으로 정보를 처리하는 방식이라면, 신경망은 해법을 찾을 때까지의 과정을 반복하는 방식이다. 전산 개념으로 보면 기존 컴퓨터의 구조와 계산 방식은 직렬처리 방식을 따르는 것이고, 신경망은 인간의 두뇌와 유사한 병렬처리 방식으로 정보를 처리하는 것이다.

그렇다면 인간은 어떻게 정보를 병렬처리하는지 살펴보자. 인간의 뇌를 구성하는 세포의 단위를 뉴런이라고 하는데 이것은 크게 수상돌기(dendrite), 핵(nucleus)을 포함하는 세포체(soma), 접합부(synapse), 축색돌기(axon)의 네 부분으로 이루어져 있다. 이러한 뉴런은 사람의 대뇌피질에 약 1,000억 개가 되며 각 뉴런은 큰 개수의 시냅스(synapse)에 의해 다른 뉴런과 연결된다. 뉴런은 시냅스의 전기 자극에 따라 연결된 다른 뉴런을 활성화시키거나 억제시킨다.

수상돌기

축색돌기

핵

신경 세포체

[그림 3-1] 뉴런의 구조[1]

위의 그림을 통해 뉴런 간의 정보 교환 과정을 설명할 수 있다. 먼저, 서로 다른 여러 개의 뉴런의 축색돌기를 통해 입력된 신호들이 특정 뉴런의 수상돌기에 도착한다. 입력된 신호는 모두 펄스 신호로 바뀌고 이 신호들의 합계치가 어떤 임계값에 도달하게 되는데, 그러면 축색돌기를 통해 하나의 신호만을 다른 뉴런으로 전달하게 된다. 전체 뉴런들의 이러한 일련의 활동을 통해 '학습(learning)'이 이루어지는 것이다.

2 신경망 분석 과정

인간의 뇌는 위의 그림과 같이 뉴런으로 구성된 단순한 구조를 지닌 것으로 볼 수 있지만, 상대적인 단순성에도 불구하고 매우 복잡한 작업을 수행할 수 있다. 이러한 뉴런 간의 연결관계를 기계학습으로 구현한 것이 신경망 분석 알고리즘이다.

---

1 인터넷 공개 자료

2-1 신경망의 기본 구조 형성 및 과정

신경망은 뉴런의 처리 과정을 구현하도록 구성되어 있다. 처음 데이터를 입력받는 각 개체를 뉴런(x_i)으로 볼 수 있는데, 이를 입력층이라 한다. 다음으로 각각의 데이터가 연결강도(weight)의 자극을 통해 취합되는데, 이를 은닉층(hidden layer) 또는 블랙박스(black box)라고 한다. 은닉층이라고 하는 이유는 정보를 합산하여 전달하는 과정이 어떻게 이루어지는지 알 수 없는 블랙박스와 같기 때문이다. 은닉층에서는 정보를 합산하여 결과를 출력하도록 보내게 되는데, 이를 출력층(y)이라고 한다. 신경망은 입력층으로부터 데이터를 받아 은닉층에 전달하고, 전달된 정보를 합산하여 출력층으로 전달한다. 출력층에서는 기존의 결과와 비교하고 결과를 다시 보정하도록 은닉층으로 전달하는 과정을 반복하게 된다. 은닉층과 출력층의 결과가 일정 수준에 도달하였을 때 이러한 과정을 멈추게 되는데, 이를 학습이라고 한다. 이러한 신경망의 반복과정의 구조를 퍼셉트론(perceptron)이라고 한다.

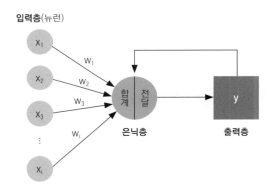

[그림 3-2] 신경망의 기본 구조

1) 1단계: 입력층의 데이터를 '합계/전달'하는 은닉층으로 전달

입력층에서 받은 데이터(x_i)는 각각 임의의 연결강도(w_i)와 결합된 결합함수형태로 은닉층에 전달된다. 즉 w_i와 x_i가 결합하는 $\sum w_i x_i$의 결합함수로 은닉층에 전달된다. 그렇다면 연결강도인 w_i는 어떻게 결정될까? 신경망에서 초기의 w_i는 간단하게 랜덤으로 아무 값이나 생성하여 넣게 된다. 왜냐하면 [그림 3–2]에서 보듯이 데이터를 출력층으로 전달하고 결과값 y와 비교하여 다시 은닉층으로 w_i를 보정하도록 하면 되기 때문이다. 일반적으로 신경망에서 w_i는 0과 1 사이의 임의의 값을 난수로 생성하여 넣는다.

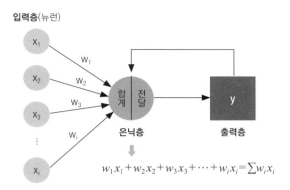

입력층(뉴런)

$w_1x_1 + w_2x_2 + w_3x_3 + \cdots + w_ix_i = \sum w_ix_i$

[그림 3-3] 데이터의 은닉층 전달 과정

2) 2단계: 출력층으로 결과를 전달하기 위한 함수모형 선택

결합된 함수식은 어떠한 함수모형을 선택하는가에 따라 출력층으로 전달되는 결과값이 달라진다. 단순 선형함수라면 위의 단순 선형결합의 식을 그대로 사용할 것이다. 신경망에서 사용하는 함수모형을 활성함수라고 한다.

신경망에서 사용되는 활성함수는 균등(항등)함수(unique function), 임계논리함수(threshold logic function) 그리고 S자 형태의 탄젠트함수(tangent function), 시그모이드함수(sigmoid function), 가우스함수(Gaussian function) 등이 있다. 아래의 [그림 3-4]는 이러한 함수들을 나타낸 것이다. 일반적으로 시그모이드함수를 많이 사용한다.

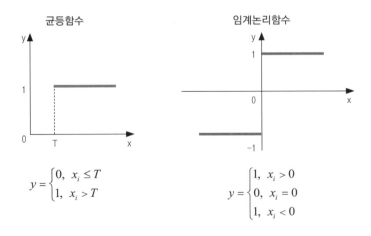

균등함수

$$y = \begin{cases} 0, & x_i \leq T \\ 1, & x_i > T \end{cases}$$

임계논리함수

$$y = \begin{cases} 1, & x_i > 0 \\ 0, & x_i = 0 \\ 1, & x_i < 0 \end{cases}$$

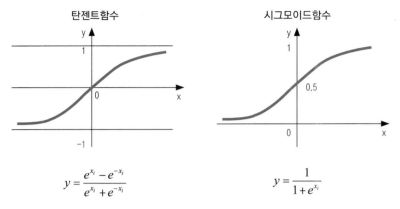

탄젠트함수

시그모이드함수

$$y = \frac{e^{x_i} - e^{-x_i}}{e^{x_i} + e^{-x_i}}$$

$$y = \frac{1}{1 + e^{x_i}}$$

[그림 3-4] 활성함수의 종류

3) 3단계: 연결강도의 조정과 최종 결과값 산출

활성함수를 통해 산출된 출력값과 실제 결과값과의 비교를 통해 연결강도를 재조정해주는 단계로, 이 부분을 실질적인 학습의 과정으로 볼 수 있다. 초기에 연결강도를 임의의 수로 랜덤하게 결정한다고 하였다. 임의의 연결강도(w_i)에 데이터값(x_i)을 활성함수에 입력하고 활성함수 모형에 따라 출력값($\widehat{y}$)을 산출하게 된다. 그러면 실제 값(y)과 활성함수를 통한 출력값($\widehat{y}$)과의 사이에 차이가 생기는데 이를 오차(ϵ)라 한다. 이 오차(ϵ)에 데이터값(x_i)을 반영해주면 이 값은 연결강도를 조정하는 값($\triangle w_i$)이 된다.

그렇다면 수정된 연결강도(Adj.w_i)는 기존의 w_i + $\triangle w_i$이 된다. 이 수정된 연결강도를 가지고 다시 처음으로 돌아가 수정된 연결강도(Adj.w_i)와 데이터값(x_i)을 활성함수에 입력하고, 활성함수 모형에 따라 수정된 출력값(Adj.$\widehat{y}$)을 산출한다. 이 과정을 반복하여 ($\triangle w_i$)가 사전에 정한 일정 수준 이하로 감소하거나 증가하게 되면, 학습을 멈추고 이를 최종 학습값(Fin.$\widehat{y}$)으로 제시하는 것이다.

예를 들어 (x_1)이 0.2이고 (x_2)가 0.3인 값이 있다고 가정하자. 이때의 y값은 0.3이었다. 이것을 가지고 연결강도의 조정과 최종 학습값 산출 과정을 살펴보도록 하자. 그리고 활성함수는 단순 선형함수라고 가정하자. 처음의 활성함수를 통해 산출된 출력값($\widehat{y}$)은 F[(0.2×0.2) + (0.4×0.3)] = 0.16이 된다([그림 3–5] 참조). 이때 실제값(y=0.3)과의 차이인 오차(ϵ)는 0.14가 되며, 이를 반영하여 조정된 연결강도는 Adj.w_1 = 0.228, Adj.w_2 = 0.442가 된다. 이를 새로운 연결강도(Adj.w_i)로 하여 은닉층으로 다시 보내어 활성함수에 입력하면 수정된 출력값(Adj.)은 0.1782가 된다. 처음에 비해 실제값(y=3)에 접근한 출력값이 산출됨을 알 수 있다. 이러한 과정을 반복해서 ($\triangle w_i$)이 일정 수준 이하로 변동이 생기지 않는 단계에 이르면, 반복을 멈추고 이때의 출력값을 최종 학습값으로 제시하게 된다.

이렇게 학습한 결과의 출력값과 실제값과의 오차를 다시 거꾸로 전파하여 연결강도의 변경을 통한 오류를 보정하게 된다. 이러한 과정을 역전파 오류망(오류–역전파망, back propagation)이라고 한다. 세부적인 내용은 다음 그림에 자세히 설명되어 있다.

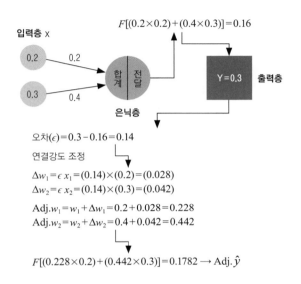

[그림 3-5] 연결강도의 조정 과정

3 신경망 분석의 종류

신경망의 종류는 매우 다양하다. 기존의 학습방법에 여러 가지 학습방법이 결합되어 다양한 기법으로 파생되었기 때문이다. 본서의 목적이 신경망 이론을 심층적으로 파악하는 것은 아니므로 신경망의 종류를 상세히 다루지는 않는다. 다만 최근 크게 대두되고 있는 신경망을 언급하면 심층 신경망(deep neural network), 합성곱 신경망(convolutional neural network), 순환 신경망(recurrent neural network), 제한 볼츠만 머신(restricted Boltzmann machine), 심층 신뢰 신경망(deep belief neural network), 심층 Q-네트워크(deep Q-network), 생성 대립 신경망(generative adversarial network), 관계망(relation network) 등[2]이 있다. 이러한 신경망들은 통

---

2 인터넷 공개 자료를 참조하여 작성하였다.

계적 분석기법으로 상용화되기보다는 이미지 판별 등 분야에 활용도가 높은 알고리즘이다.

통계적 분석기법으로 가장 많이 활용되는 신경망 분석기법으로는 다층 퍼셉트론(multi-layer perceptron, MLP), 방사형 기저함수 네트워크(radial basis function, RBF), 코호넨 네트워크로 불리는 자기 조직화 지도(self-organizing map, SOM) 등이 대표적이다. MLP와 RBF는 지도학습방법을 사용하고 SOM은 자율학습방법을 사용한다. 즉 MLP와 RBF는 목표변수가 존재할 때 사용하는 분석방법이고, SOM은 목표변수가 존재하지 않을 때 사용하는 분석방법이다. 이에 따라 MLP와 RBF는 예측을 위해 주로 활용되고 SOM은 군집분석에 주로 활용된다.

4 다층 퍼셉트론

위에서 제시한 신경망 기본 구조는 은닉층의 노드[3]가 1개로 구성되어 있어 단층 퍼셉트론(single-layer perceptron, SLP)이라고 한다. 그런데 이렇게 단순화된 단층 퍼셉트론은 실제로 사용하지 않는다. 이유는 배타적 OR(XOR, eXclusive OR)의 문제라는 것이 발생하여 모형의 정확도가 떨어지기 때문이다.

신경망이 분류/판별(classification)을 할 때의 사례를 통해 XOR의 문제를 간단히 살펴보자. [그림 3-6] (가)를 보면 네모와 동그라미를 구분하기 위해 하나의 식이면 된다. 하지만 (나)에서는 한 개의 식으로는 네모와 동그라미를 구분할 수 없다. 네모 OR 동그라미를 구분하는데 문제점이 발생하는 것이다. 그리고 SLP와 같은 구조라면 은닉층이 존재할 필요가 없다. 왜냐하면 계산하는 과정이 다 보이기 때문이다.

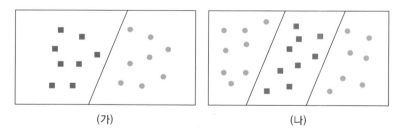

(가)   (나)

[그림 3-6] XOR 문제 유형1

---

3 연결되는 매개체를 말한다.

이러한 XOR 문제점을 해결하기 위해 신경망은 은닉층의 노드가 여러 개로 구성된다. 그리고 여러 개로 구성된 은닉층은 또 여러 개로 구성될 수 있도록 고안되어 있다. 이것을 다층 퍼셉트론(multi-layer perceptron, MLP)이라고 한다. MLP는 신경망 분석의 가장 기본이 되는 알고리즘으로 분류/판별과 추정[4]을 수행할 수 있는 분석도구로 주로 활용된다. 학습방법은 지도학습방법을 따르기 때문에 목표변수가 존재할 때 사용할 수 있다.

다음의 그림은 2개의 은닉층을 가지는 MLP 모형의 구조이다.

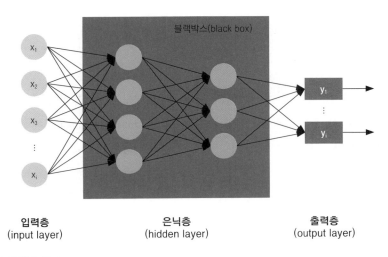

[그림 3-7] MLP 모형의 구조

5 방사형 기저함수 네트워크

MLP에서 XOR 문제에 대해 설명하였다. 여기서는 [그림 3-8]과 같은 새로운 XOR 문제가 있다고 가정하자. (가)는 A집단과 B집단의 영역이 한군데에 집중되어 있어 몇 개의 결정구간으로 나누어서 경계면을 구분할 수 있다. (나)는 A집단과 B집단이 여러 군데 흩어져 있어 원형과 같은 형태의 기준으로 구분하는 것이 보다 효과적일 수 있다. MLP에서는 (가)와 같은 형태의 분류 패턴은 잘 분류할 수 있으나 (나)와 같은 패턴은 적절히 분류하는 데 한계가 있다.

4　2장 '6-1 알고리즘 목적에 따른 분류' 부분을 참조한다(p. 33).

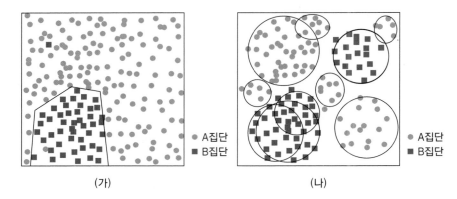

[그림 3-8] XOR 문제 유형 2

    MLP의 역전파 알고리즘은 통계적인 반복(looping) 기술의 확률적 응용으로 볼 수 있다. RBF는 높은 차수의 공간에서 곡선접합(근사)으로서 (나)와 같은 문제를 해결하기 위한 신경 망으로 보면 적합하다. RBF는 MLP와는 신경망 설계 방법이 다르게 이루어진다.

    커버(Cover, 1965)[5]는 분리가능 이론(separability theorem)을 통해 분류/판별에서 패턴 분리 분류작업을 수행할 때 '복잡한 패턴 분류 문제는 저차원 공간에서보다 비선형의 고차원 공간에서 선형으로 더 잘 분리된다'[6]고 제시하였다. 즉, 커버의 이론은 비선형적 패턴-분류 분리 가능의 문제에 대하여 입력공간을 더 높은 충분한 차수의 새로운 공간에 투영[사상(寫像), mapping]하는 방법으로 해결책을 제시한 것이다. 비선형 투영은 비선형 분리 가능한 분류 문제를 선형 분리가 가능한 분류로 변환하게 된다.

    방사형 기저함수(radial basis function, RBF)는 복잡한 패턴의 비선형 분리 문제를 고차원 공간으로 매핑(mapping)하면 선형화하여 패턴을 분류할 수 있도록 설계된 신경망이다. 이러한 방법은 뒤에서 다룰 서포트 벡터 머신(support vector machine, SVM)에서도 사용하는 것이다.

    그렇다면 고차원 공간으로 매핑하기 위한 방법이 있어야 한다. 이는 보간법(interpolation)

5 Cover, T. M. (1965). "Geometrical and Statistical properties of systems of linear inequalities with applications in pattern recognition". IEEE Transactions on Electronic Computers. EC-14: 326–334. doi:10.1109/pgec.1965.264137

6 Haykin, Simon (2009). *Neural Networks and Learning Machines* (3rd ed). Upper Saddle River, New Jersey: Pearson Education Inc. pp. 232–236.

을 통해 해결할 수 있는데, 찰스 A. 미켈리(Micchelli, 1986)[7]는 보간법의 해법을 제시하였다. RBF에서 보간법으로 사용하는 함수는 가우스함수가 가장 일반적이고 이외에도 다중이차함수, 역 이차함수, 역 다중이차함수, polyharmonic 곡선함수, thin plate spline 함수 등이 대표적이다.

- **RBF의 보간법** $(r = \|x_i - y_i\|)$

  - 가우스 함수(Gaussian function)

  $$\Phi(r) = \exp(-\frac{1}{2\sigma^2}r^2)$$

  - 다중이차함수(multiquadric function)

  $$\Phi(r) = \sqrt{1+(\epsilon r)^2}$$

  - 역 이차함수(inverse quadratic function)

  $$\Phi(r) = \frac{1}{1+(\epsilon r)^2}$$

  - 역 다중이차함수(inverse multiquadric function)

  $$\Phi(r) = \frac{1}{\sqrt{1+(\epsilon r)^2}}$$

  - polyharmonic 곡선 함수(polyharmonic spline function)

  $$\Phi(r) = r^k, \;\; k = 1, 3, 5, \cdots$$
  $$\Phi(r) = r^k \ln(r), \;\; k = 2, 4, 6, \cdots$$

  - thin plate spline 함수(a special polyharmonic spline function)

  $$\Phi(r) = r^2 \ln(r)$$

---

7 Micchelli, C. A. (1986). Interpolation of scattered data: distance matrice s and conditionally positive denite functions, *Constructive Approximation*.

6 신경망 알고리즘의 특징

신경망 알고리즘의 장점을 살펴보면 다음과 같다.

• 기존 통계적 알고리즘에 비해 예측력이 우수하다.
모수 추정을 기반으로 하고 있는 통계적 알고리즘(선형 회귀분석 등)에 비해 예측력(예측 정확도)이 높은 것으로 알려져 있다.

• 병렬처리(parallel processing)로 대용량 데이터 분석이 가능하다.
기존의 컴퓨터는 모든 데이터를 순차적으로 처리하는 직렬 형태였다. 이에 반해 신경망은 다수의 뉴런이 모여서 동시에 서로 다른 처리를 할 수 있다. 이때 각각의 뉴런은 그 처리 속도가 느리지만 여러 개에 의한 병렬처리로 직렬처리보다 빠르게 정보를 처리할 수 있다. 또한 최근에는 여러 곳의 컴퓨터에서 각각 정보를 처리한 뒤 이를 합산하여 재처리하는 병렬분산시스템으로 대용량 데이터를 분석·처리할 수 있게 되었다.

• 다각적 문제에 대한 해법 산출이 가능하다(변수타입에 자유롭다).
일반적으로 기존의 통계분석은 한 가지 문제에 대한 해법을 제시한다. 예를 들면 선형회귀분석은 연속형 독립변수를 통해 연속형 종속변수의 예측값을 산출하는 방법이고, 로지스틱 회귀분석은 연속형 독립변수를 통해 이분 범주형 종속변수의 예측값을 산출하는 방법이다. 똑같은 문제라도 종속변수의 형태에 따라 각각 다른 분석을 수행하는 것이다. 선형회귀분석에서는 추정이라 분류하고, 로지스틱 회귀분석에서는 분류/판별로 분류한다. 이에 반해 신경망은 변수의 타입에 따라 추정 또는 분류/판별을 자동으로 수행한다. 즉 신경망은 여러 가지 문제에 대한 해법을 하나의 알고리즘으로 분석해낼 수 있다.

• 모형 산출에 필요한 가정이 없다.
일반적으로 모수 추정을 기반으로 하는 통계적 알고리즘은 다변량 정규분포, 등분산, 독립변수의 독립성 등 다양한 가정을 하고 있다. 하지만 신경망은 전체 데이터의 패턴을 파악하여 결과를 예측하기 때문에 이러한 가정을 필요로 하지 않는다.

신경망 알고리즘의 단점을 살펴보면 다음과 같다.

• 모형 산출의 근거를 제시하지 못한다.

분석을 수행할 때 가장 중요한 두 가지가 모형의 적합도와 근거이다. 모형의 근거란, 주장하는 바가 어떻게 산출되었는가를 설명할 수 있는가이다. 그런데 신경망은 예측한 결과값을 제시할 수는 있지만 모형의 근거는 제시하지 못한다. 신경망은 은닉층에서 다수의 함수식을 사용하고 이를 취합한 후 다시 역전파 오류망을 통해 오차를 보정하는 과정을 거치기 때문에 하나의 함수식과 같은 모형의 근거를 제시하지 못하는 것이다. 다만, 모형에 기여한 각 독립변수의 중요도는 제시할 수 있으며 이 중요도를 가지고 각 변수의 영향력을 해석할 수 있다. 이때 신경망 알고리즘별/옵션별 선택의 차이에 따라 중요도의 순서가 달라질 수 있어 이에 대한 해석에 주의가 필요하다.

• 국소지역해의 문제가 존재한다.

이 문제는 신경망이 한때 외면받은 이유 중 하나이다. 국소지역해에 관해서는 앞에서 자세히 설명하였다.[8]

• 변수 표준화의 단점이 있다.

신경망은 일반적으로 0과 1 사이의 값으로 변수를 모두 표준화시킨다. 이러한 변수 표준화에는 하드웨어적 문제도 따르지만 분석에 있어서 모집단의 성질 변화를 제대로 반영하지 못할 수 있다는 단점이 대두될 수 있다. 신경망에서는 가장 큰 값은 1로, 가장 작은 값은 0으로 변환하고, 나머지는 그 사이의 값으로 데이터값을 변환하여 모형을 개발한다. 모형에 새로운 데이터값을 입력한다고 했을 때 기존의 최대값 또는 최소값을 초과하는 값이 들어오면 기존 모형의 입력값의 범위를 초과하게 된다. 이에 따라 모집단의 성질이 변화하고 새로운 데이터값에 대한 예측의 편차가 크게 달라질 수 있는 여지가 생기는 것이다.

그러나 신경망 분석의 기본 개념은 대용량 데이터이다. 즉 모형을 만드는 데이터가 모집단이라고 가정한 것이므로 기존의 모집단의 범위를 초과하는 데이터값이 들어올 확률은 거의 희박하다고 봐야 한다.

---

8 2장 '2-3 심층학습의 개념' 부분을 참조한다(p. 26).

1 신경망 분석을 위한 기초 개념 정리

신경망 분석은 분류/판별(classification)과 결과값 추정(estimation, 점추정)을 할 때 활용할 수 있는 분석방법 중 하나이다. 종속변수의 타입은 연속형/명목형 변수를 모두 사용할 수 있으며, 명목형일 때에는 분류/판별 예측분석을 수행하고 연속형일 때에는 점추정 예측분석을 수행한다. 독립변수의 타입 역시 연속형/명목형 변수를 모두 사용할 수 있으며 변수타입에 제약은 없다.

> 종속변수가 ① 명목형: classification → 분류/판별 예측 수행
> ② 연속형: estimation → 결과값 추정(점추정) 예측 수행[1]

---

1 분류/판별 예측: 소속될 확률 값을 예측한다.
   결과값 추정(점추정) 예측: 하나의 연속형 값을 예측한다. (p. 33. '6-1 알고리즘 목적에 따른 분류' 부분 참조)

2 데이터 설명

MLP를 SPSS Statistics에서 분석하기 위한 사례로 '은행 신용도' 데이터[2]를 사용한다. 데이터의 종속변수는 신용도로 '불량', '우량'으로 되어 있는 명목형 범주 중 2분형 범주형 변수이다. 종속변수가 명목형이기 때문에 분류/판별 예측을 수행하게 된다. 즉, 독립변수를 가지고 신용도를 분류/판별하는 예측모형을 개발하는 것이 본 사례의 목적이다.

- 분석 목적: 과거 신용도(불량/우량)와 그에 영향을 주는 독립변수를 통해
    신규 고객의 신용도 분류/판별 예측
- 종속변수명: Credit_rating(신용도) → '0' Bad(불량), '1' Good(우량)
- 독립변수명: Age, Income, Credit_cards, Education, Car_loanse
- 데이터파일명: 1.credit.sav
- 총: 2,464 record

변수명	척도	변수 설명	범주 값
Age	연속형	연령	
Income	순서형	소득수준	1: 상, 2: 중, 3: 하
Credit_cards	명목형	현 직장 근무년수(year)	1: 5 미만, 2: 5 이상
Education	명목형	현 거주지 거주년수(year)	1: 고졸 이하, 2: 대졸 이상
Car_loanse	명목형	소득(단위: 1,000$)	1: 1개 이하, 2: 2개 이상

---

2 '1.credit.sav'

3 MLP 분석 실습[3]

3-1 분석하기

1) 파일 열기

'1.credit.sav' 파일을 열면 다음 그림과 같이 데이터창 또는 변수창이 나타난다. 데이터창과 변수창의 선택은 아래 그림의 왼쪽 하단부 탭에서 전환할 수 있다.

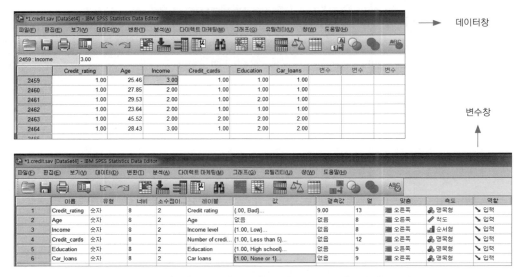

---

3   본 실습 예제는 SPSS Statistics 23 버전을 기준으로 수행하였다.

2) 신경망 분석 선택

① SPSS Statistics 팝업메뉴의 [분석]을 클릭하면 아래로 분석 가능한 알고리즘의 목록이 생성된다.

② 생성된 알고리즘의 목록 중 '신경망'을 클릭한다. 오른쪽에 '다층 퍼셉트론'과 '방사형 기저함수'가 생성되는데 그중 '다층 퍼셉트론'을 클릭한다.

③ 분석창이 생성된다.

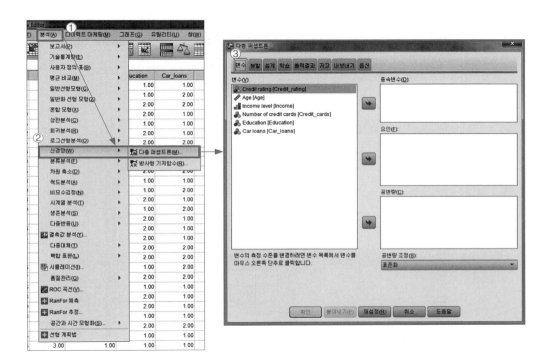

3) 종속변수 및 독립변수 선택

제일 상위의 탭에는 변수, 분할, 설계, 학습, 출력 결과, 저장, 내보내기, 옵션이 있으며 현재의 분석창은 [변수] 탭의 창이다.

① '종속변수'에 'Credit rating'을 클릭하여 오른쪽으로 이동한다.

② '요인'에는 범주형 변수를 클릭하여 오른쪽으로 이동한다.

③ '공변량'에는 연속형 변수를 클릭하여 오른쪽으로 이동한다. 본 예제 파일에서 Age는 공변량으로, 나머지는 요인으로 선택하면 된다.

④ 오른쪽 하단부 '공변량 조정' 아래의 콤보박스를 클릭하면 3가지의 척도변환 방법이 제시되는데 여기서는 가장 보편적인 변환 방법인 '정규화'를 선택한다.

척도를 변환하는 이유는 연속형 변수의 경우에 변수 간 척도(scale)가 서로 다르기 때문이다. 예를 들어 연소득과 저축률 변수가 있다고 가정해보자. 연소득 변수의 단위는 만원단위이고 저축률 변수의 단위는 %이다. 연소득은 일반적으로 천단위(몇천만 원)가 되고 저축률은 십

단위(몇십 %)가 된다. 이렇게 서로 단위가 다를 경우, 척도가 영향을 주게 되어 독립변수의 원래 영향력을 찾기 어렵다. 이에 따라 연속형 변수는 여러 변수 간 척도를 일정 수준 비슷하게 맞추어야 하는데 이를 '변수 표준화'라 한다. 빅데이터(기계학습)의 변수 표준화 방법은 정규화 방법(Min_Max 방법)을 쓰게 된다. 정규분포를 따르는 표준화 방법은 기존의 통계적 분석 방법에 일반적으로 활용된다.

- **표준화 방법**

  – 표준화: 정규분포로의 통계적 표준화 방법(평균 '0', 표준편차(분산) '1'로 표준화)

  $$(x_i - \bar{x})/\sigma, \bar{x} = x_i의\ 평균,\ \sigma = x_i의\ 표준편차$$

  – 정규화: 신경망의 가장 일반적 표준화 방법(최대값 '1', 최소값 '0' 사이의 값으로 표준화)

  $\rightarrow$ Min_Max 방법이라고도 함

  $$(x_i - min(x_i))/(max(x_i) - min(x_i)),\ min(x_i) = x_i의\ 최소값,\ max(x_i) = x_i의\ 최대값$$

  – 수정된 정규화: 최대값 '1', 최소값 '-1' 사이의 값으로 표준화

  $$2 \times (x_i - min(x_i))/(max(x_i) - min(x_i) - 1),\ min(x_i) = x_i의\ 최소값,\ max(x_i) = x_i의\ 최대값$$

  – 없음: 표준화하지 않음

4) 데이터 분할

[변수] 탭에서의 선택이 끝나면 바로 옆에 [분할] 탭이 있다. 분할은 모형을 만드는 데이터셋과 모형을 검증하는 데이터셋을 구분할 수 있도록 제공하는 기능이다.

다음 두 그림 중 ①번 그림은 기본 설정된 화면으로 모형을 만드는 데 70%의 데이터를 사용하고 모형을 검정하는 데 30%를 사용한다는 것을 의미한다. '케이스의 비례수를 기준으로 케이스 무작위 할당'은 무작위(랜덤)로 전체 데이터를 7:3으로 나누겠다는 의미이다.

단순 분석만을 수행한다면 ②번 그림처럼 오른쪽 상단의 '분할 데이터 세트'에서 표 안의 학습 부분의 비례수를 10으로 고치면 전체 데이터를 모두 사용하여 분석만을 수행한다. 여기에서는 사례분석을 위해 전체 데이터를 가지고 모형을 만들기 위해 학습의 비례수를 '10'으로, 검정을 '0'으로 변경하도록 한다.

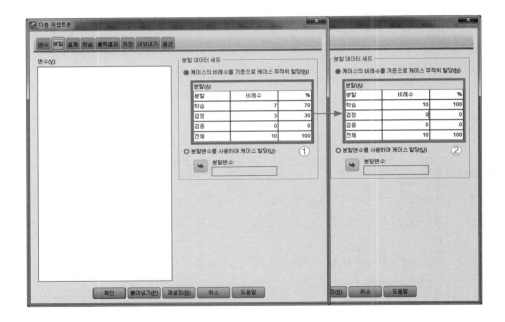

데이터를 분할할 때 주의할 점은 매번 분석할 때마다 분할되는 데이터가 달라진다는 것이다. 즉, 신경망의 결과가 분할되는 데이터에 따라 다소 달라질 수 있다.

- **데이터 분할**

  - 학습(train) 데이터셋: 모형을 만드는 데 사용되는 데이터
  - 검정(test) 데이터셋: 만든 모형의 안정성(과대적합 여부) 등을 테스트하기 위한 데이터
  - 검증(validation) 데이터셋: 모형을 생성할 때 학습 데이터 중 일부를 분리하여 모형생성 학습률(learning rate), 모멘트(moment) 등의 모수(parameter)를 정하기 위해 사용되는 데이터

  ※ 모형 생성은 학습 → 검증 → 검정의 3단계로 구성되는데, 일반적으로 검증 단계를 생략하고 학습 → 검정의 단계를 많이 이용한다. 3단계로 모형을 만드는 것보다 2단계로 여러 번의 모형을 만들어 생성하는 것이 효율적이기 때문이다.

5) 모형 설계

다음으로 [설계] 탭을 선택한다. 설계는 신경망 모형을 설계할 때 모형의 옵션을 선택하는 과정이다. 처음에는 '자동 신경망 설계'가 기본으로 설정되어 있다. 은닉층(hidden layer, 블랙박스)의 수가 1개이며, 은닉층의 노드는 자동으로 최적화되는 방식이다.

① 먼저 '사용자 정의 신경망 설계'를 선택하면 아래에 회색으로 비활성화(disable)되어 있던 옵션들이 활성화(enable)된다. 활성화된 옵션들은 분석자가 원하는 방식대로 설정하면 된다.

② '은닉층'에는 은닉층 수, 활성화 함수, 노드 수를 선택하도록 되어 있다. '은닉층 수'는 한 개보다는 두 개가 더 정교한 모형을 산출할 수 있으나 데이터의 수가 많으면 모형을 산출하는 시간이 오래 걸리게 된다.

③ '활성화 함수'는 입력층(로데이터)에서 은닉층으로 데이터가 전송될 때 은닉층의 노드와 가중치를 결합하는 함수이다. 앞서 3장에서 밝힌(p. 44, [그림 3-4] 참조) 방식 중 쌍곡탄젠트함수와 시그모이드함수를 제공하고 있다. 여기서는 쌍곡탄젠트함수를 선택하도록 한다.

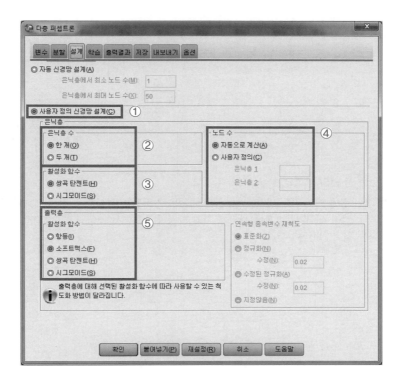

- **쌍곡탄젠트**(hyperbolic tangent)

$$S = \frac{(e^L - e^{-L})}{(e^L + e^{-L})}, \quad L = \sum_{i=1}^{p} w_i x_i, \quad x = inputuariable$$

- **로지스틱**(logistic) $\quad S = \frac{e^L}{(1 + e^L)}$

④ '노드 수'는 '사용자 정의'에서 개수를 지정할 수 있지만, 일반적으로 최적의 노드 수를 분석자가 알지 못하기 때문에 '자동으로 계산'을 선택하도록 한다.

⑤ '출력층'에는 활성화 함수와 연속형 종속변수 재척도가 있다. '활성화 함수'는 은닉층에서 출력층으로 결과를 산출할 때 출력층의 노드와 가중치를 결합하기 위한 함수이다. 여기서는 활성화 함수 중 '소프트맥스' 방식을 선택한다. 소프트맥스는 목표변수가 범주형인 경우에 각 범주별 출력값이 모두 0과 1 사이의 값을 가지고 합이 1이 되도록 변화하게 하는 함수이다.

- **소프트맥스**(softmax) $\quad S_k = \frac{\exp(L_k)}{\sum_{i=1}^{K} \exp(L_i)}, \quad k = 1, \cdots, K$

K는 출력 범주의 수

tip

- **모형 생성**

– 신경망 모형은 한 번의 분석으로 생성되지 않는다.
– 위의 모형 설계 과정에서 ②, ③, ⑤의 옵션을 바꾸면서 모형을 생성하고, 훈련 테이터셋을 통해 나온 예측력과 검정 테이터셋에 적합한 예측력의 차이가 적으면서 모형의 예측력이 가장 높은 모형을 선택하는 것이 일반적이다.

6) 학습

다음으로 [학습] 탭을 선택한다. 학습은 신경망이 학습을 통해 모형을 생성하는 방법을 설계하는 과정이다.

① '학습 유형'은 신경망의 훈련방식이다. '배치'는 훈련(train) 데이터셋을 메모리에 한꺼번에 올려 최적 모형(국소 최적해)을 산출하는 방식이다. 모든 데이터를 메모리에 올리기 때문에 최적 모형을 산출하는 시간은 단축되지만 데이터가 너무 커서 메모리의 용량을 넘어서는 경우에는 제한이 있다. '온라인'은 1개의 레코드[4]를 훈련할 때마다 넣으면서 학습을 하고 그때마다 신경망을 조정하여 업데이트하는 방식이다. 시간은 많이 걸리지만 대용량의 데이터에 적합하다. '미니배치'는 배치와 온라인 방식을 결합한 방식이다.

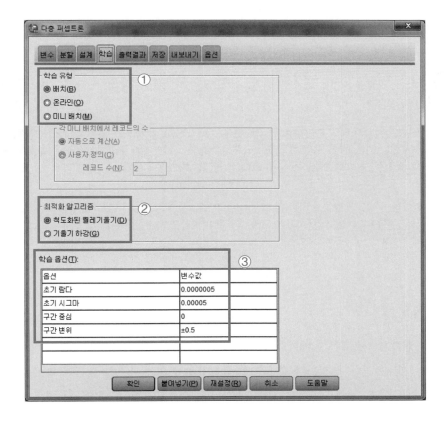

---

4 하나의 행(고객 데이터의 경우, 1명이 보유하고 있는 데이터값)을 일컫는다.

② '최적화 알고리즘'은 최적해를 찾기 위한 반복 알고리즘이다. 신경망은 대용량의 데이터를 주로 이용하기 때문에 최적해를 찾기 위해 반복적인 계산을 통해 최적해를 산출해낸다. SPSS Statistics에서는 '척도화된 켤레 경사(scaled conjugate gradient)' 방법과 '경사 하강(gradient descent)' 방법을 사용한다. 본 예제에서는 척도화된 켤레 경사법을 사용한다. 척도화된 켤레 경사법의 옵션은 초기 람다(initial lambda), 초기 시그마(initial sigma), 구간 중심(interval center), 구간 변위(interval offset) 등을 설정한다. 경사하강법은 초기 학습률(initial learning rate), 모멘텀(momentum), 구간 중심(interval center), 구간 변위(interval offset) 등을 설정한다.

③ 어떠한 학습방법을 선택하는가에 따라 '학습 옵션'의 옵션이 달라진다. 하지만 일반적으로 분석자가 이러한 옵션의 선택에 대해 자세히 알기는 어렵다. 그러므로 디폴트(default)로 우선 분석하고 모형에 대한 평가 후에 조정하는 것을 추천한다. 본 예제에서는 디폴트값을 선택한다.

참고

• **최적화 알고리즘[5]**

– 켤레 경사법: 대칭인 양의 준정부호행렬(positive semi-definite matrix)을 갖는 선형계의 해를 구하는 수치 알고리즘. 보통 반복 알고리즘에 해당하며 촐스키분해와 같은 방법이나 직접 풀기에 너무 큰 계가 가지는 희소행렬 등에서 사용하기에 적합한 방법이다.

– 경사 하강법: 1차 근사값을 찾기 위한 최적화 알고리즘. 함수의 기울기(경사)를 구하여 기울기가 낮은 쪽으로 계속 이동시켜서 극소값에 이를 때까지 반복하는 수치 알고리즘이다.

---

7) 출력 결과

다음으로 [출력 결과] 탭을 선택한다. [출력 결과]에서는 생성된 신경망 모형에 대해 원하는 결과를 선택할 수 있다. 생성된 신경망 모형을 해석하기 위해 필요한 대표적 항목은 ①에서 '설명', ②에서 '분류 결과', ③에서 'ROC(receiver operating curve) 곡선' ④에서 '독립변수 중요도 분석' 등이다. 나머지 옵션은 연구 분야마다 볼 수도 안 볼 수도 있는 결과로 분석자가

---

5 출처: 위키백과

원하는 옵션을 선택하면 된다. 여기서는 각각의 옵션에 대한 설명을 간략히 제시하고, 실제 각 옵션 선택을 통해 산출된 결과 해석은 '결과 해석'에서 자세히 제시토록 한다.

① '망 구조'는 생성된 신경망의 기본적 정보('설명'), 신경망의 구조 도표('다이어그램'), 입력층과 은닉층에 연결된 연결강도('시냅스 가중값')의 결과를 선택하는 옵션이다.

② '망 성능' 중 '모형 요약'은 신경망의 모형에 대한 개괄인데, 일반적으로 별도의 특별한 해석은 하지 않는다. '분류 결과'는 신경망의 예측 정확도(accuracy rate, hit ratio)를 산출하는 옵션이다. 신경망 모형의 평가 중 가장 중요한 부분이 정확도이므로 중요한 선택 옵션이다.

③ '망 성능' 중 모형을 평가하는 옵션이다. '분류 결과'에서 산출되는 모형의 정확도에 대해 모형이 얼마나 잘 적합하고 있는지를 그래픽으로 확인하는 보조적 모형평가 옵션으로, 이 중 가장 많이 활용되는 것은 'ROC 곡선'이다.

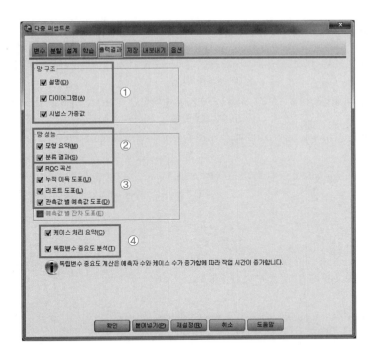

'ROC 곡선'은 x축에 1−특이도(specificity)를, y축에 민감도(sensitivity)를 플롯팅(plotting)한 것이다. 즉 모형을 통해 양성으로 예측한 케이스들 중 정확히 예측한 것은

y축에, 틀리게 예측한 것은 x축에 플로팅(타점)한 것이다. 이를 통해 예측 정확도가 높은 지 추정할 수 있다. 'ROC 곡선' 옵션을 선택하면 IBM Statistics(구 SPSS)에서는 ROC 도표와 AUC(area under ROC curve)[6]를 결과지표로 제시한다. 출력 결과는 종속변수 각각의 범주를 긍정(positive)으로 보았을 때의 결과를 제시한다. 즉, 본 예제에서는 Bad 에 대한 ROC와 Good에 대한 ROC 결과를 각각 제시한다.

참고

• ROC

실제 그룹		분류(예측) 그룹		합
		0(negative)	1(positive)	
	0(negative)	A	B	A+B
	1(positive)	C	D	C+D
합		A+C	B+D	N

- 민감도(sensitivity): D/(C+D)% → 실제 데이터에서 긍정인 케이스를 모형을 통해 긍정으로 올바로 예측한 확률
- 특이도(specificity): A/(A+B)% → 실제 데이터에서 부정인 케이스를 모형을 통해 부정으로 올바로 예측한 확률
- 위양도(false positive rate): 1−민감도 → C/(C+D)% → 실제 데이터에서 긍정인 케이스를 모형을 통해 부정으로 틀리게 예측한 확률
- 위음도(false negative rate): 1−특이도 → B/(A+B)% → 실제 데이터에서 부정인 케이스를 모형을 통해 긍정으로 틀리게 예측한 확률

• AUC 기준

- 0.5 AUC<0.6: Fail
- 0.6 AUC<0.7: Poor
- 0.7 AUC<0.8: Fair
- 0.8 AUC<0.9: Good
- 0.9 AUC 1.0: Excellent

출처: Muller, M. P. et. al (2005). Can Routine Laboratory Test Discriminate between Severe Acute Respiratory Syndrome and Other Causes of Community-Acquired Pneumonia?. *Clinical Infectious Diseases*, Vol. 40, No. 8, pp. 1079-1089.

---

6 일반적으로 AUROC(area under ROC)라고 많이 사용된다. AUC의 최대값은 1이며, 최소값은 0.5가 된다.

'누적 이득 도표(gains chart)'는 y축에 정확도(accuracy rate)를, x축에 오차도(error rate)를 플롯팅한 것이다. 즉 틀릴 확률에 비해 맞을 확률이 얼마나 급속히 상승하는가를 도표화한 것이다. 누적 이득 도표는 위의 ROC와 비슷한 결과를 나타내기 때문에 주로 'ROC 곡선'을 많이 이용하게 된다. '리프트 도표(lift chart)'는 모형을 산출하지 않고 예측했을 때를 y값 1로 기준하고, 산출된 모형의 예측확률 상위순으로 x축에 나열했을 때의 예측 정확도가 모형이 없을 때의 정확도에 비해 몇 배 상승하는지를 나타내는 도표이다. '관측값별 예측값 도표'는 모형을 통해 각 케이스(레코드)별로 예측값이 산출되는데, 이를 상자도표(box plot)로 표현한 것이다. 모형의 적합도를 보는 데 사용되나 일반적으로 모형 선택의 중요한 지표로 쓰이지는 않는다.

④ '케이스 처리 요약'은 케이스(레코드)들이 모형을 생성하는 데 어떻게 사용되었는가를 나타낸 결과이다. 학습/검정에 사용된 케이스 수와 비율, 유효한 케이스 수, 제외된 케이스 수 등을 산출한다. '독립변수 중요도 분석'은 독립변수(입력변수)가 모형을 만드는 데 기여한 정도를 나타내는 것으로, 신경망 분석의 결과 중 '분류도표'와 더불어 가장 중요한 지표 중 하나이다. 회귀분석의 경우에는 산출된 회귀식(회귀모형) 중 독립변수의 표준화된 계수(coefficient beta)로 종속변수의 증감에 영향을 미치는 독립변수의 크기를 산출한다. 이와 달리 신경망은 산출된 모형의 근거를 제시하지 않는다.[7] 그래서 어떠한 독립변수가 모형의 결과에 더 영향을 주었는지 알 수가 없다. '독립변수 중요도 분석'은 독립변수가 종속변수에 영향을 미친 크기를 산출하도록 하는 옵션이다.

---

7 블랙박스로 처리되기 때문이다.

8) 저장

[저장] 탭은 신경망 모형을 통해 산출된 값과 확률값을 데이터창에 저장하는 옵션이다. 예측 결과의 값은 'MLP_PredictedValue' 변수명으로, 예측 결과의 확률값은 'MLP_PseudoProbability' 변수명으로 저장된다.

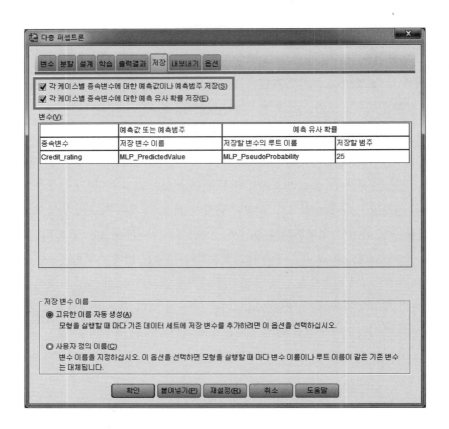

9) 내보내기

[내보내기] 탭은 [출력 결과] 탭의 '망 구조'에서의 '시냅스 가중값'을 XML파일로 내보내는 기능이다. 즉 IBM Statistics는 XML로 생성된 모형을 외부에서 활용할 수 있도록 제공하고 있다. 본 사례에서는 이 기능을 선택하지 않는다.

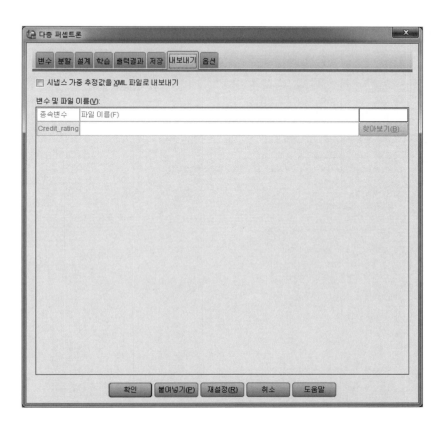

10) 옵션

[옵션] 탭은 결측값에 대한 모형 반영 여부, 신경망의 모형 생성 시 정지규칙 등을 지정하는 탭이다. 데이터가 대용량이 아니라면 기본 세팅되어 있는 대로 사용해도 무방하다. 대용량일 때는 학습규칙 등을 조절하여 모형을 생성할 수 있다. '사용자 결측값'은 케이스(레코드)에 한 셀(cell)이라도 결측치가 있는 경우에는 그 케이스가 제외된다. 모든 옵션을 선택했다면 마지막으로 [확인]을 눌러 모형을 생성한다.

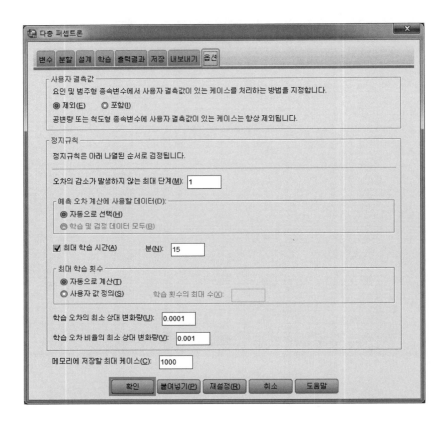

3-2 결과 해석하기

MLP로 생성된 모형의 결과를 보고 해석하는 단계이다. 생성된 결과는 앞의 [출력 결과] 탭에서 선택한 옵션의 결과가 차례대로 산출된다(pp. 62-65 참조).

1) 케이스 처리 요약

제일 처음 산출되는 결과는 '케이스 처리 요약'이다. 전체 2,464개 케이스(레코드)이고 학습을 위해 100% 모두 사용되었다.

케이스 처리 요약

		N	퍼센트
표본	학습	2464	100.0%
	유효	2464	100.0%
	제외됨	0	
	전체	2464	

2) '망 구조' 결과 해석

[출력 결과] 탭에서 '망 구조' 중 '설명', '다이어그램', '시냅스 가중값'을 선택했었다. '설명'에 대한 결과가 아래와 같이 '망 정보'에 산출된다. 신경망의 기본적 구조를 제시하고 있는데 먼저 '입력층'에 투입된 독립변수가 제시되어 있고, 노드 수는 (독립변수의 범주 수[8]+연속형 변수 수)이다. 연속형 변수는 정규화방법으로 표준화되어 있다.

망 정보

입력층	요인	1	Income level	
		2	Number of credit cards	
		3	Education	
		4	Car loans	
	공변량	1	Age	
	노드 수[a]			10
	공변량 조정 방법		정규화	
은닉층	은닉층 수			1
	은닉층 1에서 노드의 수[a]			7
	활성화 함수		쌍곡 탄젠트	
출력층	종속변수	1	Credit rating	
	노드 수			2
	활성화 함수		소프트맥스	
	오차 함수		교차-엔트로피	

a. 편향 단위 제외

---

8 범주형 변수는 연속형화 처리를 위해 범주를 변수로 가변환하는 과정을 거친다.

다음으로 은닉층과 출력층을 보면 '은닉층'은 1개 층(layer)이며 은닉층의 노드 수는 4개다. 활성화 함수는 앞의 '모형 설계' 부분에서 선택한 '쌍곡탄젠트' 함수이다(p. 59 참조). '출력층'의 종속변수(목표변수)는 'Credit rating'이고 노드 수는 범주가 2개이다. 활성함수는 '소프트맥스' 함수를 선택하였고 오차함수는 '교차−엔트로피'[9]이다. 망 정보는 모형을 평가하는 데 중요한 지표는 아니다.

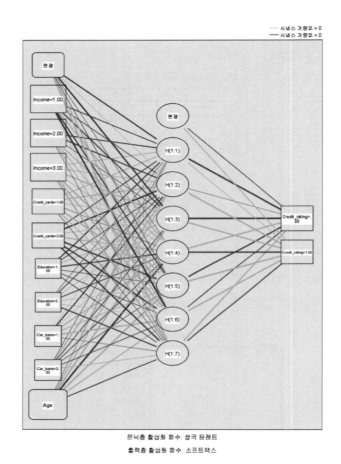

은닉층 활성화 함수: 쌍곡 탄젠트

출력층 활성화 함수: 소프트맥스

'다이어그램'에 대한 결과가 위의 신경망 구조 다이어그램(MLP 구조 다이어그램) 그림으로 산출되었다. 이 그림은 신경망의 구조를 도식화하여 제시한 것이다. 굵은 표식의 연결된 부분

---

9 신경망 알고리즘의 해를 구하기 위해서 오차를 수정하는 작업을 반복하게 된다. 이때 잔차 제곱합(sum of square error) 형태의 오차함수는 수렴이 느려지는 단점이 존재한다. 이를 보완하기 위해 신경망에서는 교차−엔트로피 (cross-entropy) 형태의 오차함수를 사용한다. (출처: www. datascienceschool.net)

이 연결강도(시냅스 가중값)가 높은 것을 나타낸다. 하지만 시냅스 가중값이 독립변수와 종속변수 간 직접적인 연결강도를 표시하는 것이 아니라, 독립변수와 종속변수 중간에 은닉층이 존재하기 때문에 어떠한 독립변수가 종속변수에 더 많은 영향을 미친다고 볼 수는 없다. 즉, 다이어그램은 단순 신경망의 구조를 도식화한 그림이기 때문에 분석에 있어 해석은 일반적으로 하지 않는다.

다음으로 산출되는 '모수 추정값' 결과는 [출력 결과] 탭의 '망 구조' 옵션에서 '시냅스 가중값'을 선택한 결과이다(p. 63 참조). 위의 신경망 구조 다이어그램에서 제시된 독립변수와 은닉층과의 연결강도, 은닉층과 출력층과의 연결강도를 산출한 것으로 일반적으로 특별한 해석은 하지 않는다.

모수 추정값

		예측								
		은닉층 1							출력층	
예측자		H(1:1)	H(1:2)	H(1:3)	H(1:4)	H(1:5)	H(1:6)	H(1:7)	[Credit_rating =.00]	[Credit_rating =1.00]
입력층	(편향)	-.405	.068	-.514	-.032	-.063	.403	.558		
	[Income=1.00]	-.236	-.126	-.355	.436	-.375	-.718	.066		
	[Income=2.00]	-.289	-.327	-.050	.383	.288	.291	-.019		
	[Income=3.00]	.254	.266	.482	.233	.714	.500	.754		
	[Credit_cards=1.00]	.343	.415	.101	-.003	.493	.283	-.035		
	[Credit_cards=2.00]	-.241	-.509	.128	.409	-.483	-.444	-.460		
	[Education=1.00]	-.370	-.144	.287	-.359	-.052	-.086	-.128		
	[Education=2.00]	-.032	-.204	.120	-.204	.095	.079	-.328		
	[Car_loans=1.00]	.035	-.363	.043	.481	.306	.493	.000		
	[Car_loans=2.00]	-.033	.442	-.181	-.164	-.056	-.126	.180		
	Age	.584	.365	1.093	-.806	1.048	.392	-.253		
은닉층 1	(편향)								-.165	.319
	H(1:1)								-.629	.166
	H(1:2)								-.002	.662
	H(1:3)								-1.214	.555
	H(1:4)								.639	-.617
	H(1:5)								-.456	.980
	H(1:6)								-.235	.630
	H(1:7)								.511	-.316

3) '망 성능' 결과 해석

'망 성능'에서 '모형 요약'을 선택한 결과가 다음과 같이 산출된다. 모형 요약은 위의 모수 추정값 결과보다 먼저 산출되나, 여기서는 망 성능에 대한 부분으로 순서를 바꾸어 설명한다. 일반적으로 모형 요약은 특별한 해석은 하지 않는다. 해당되는 내용은 이후에 나오는 결과에서 대부분 설명되기 때문이다. '교차 엔트로피 오차'는 회귀분석의 오차제곱합의 개념과 유사한 개념이다. '부정확 예측 퍼센트'는 모형의 전체 오차 비율로 본 신경망 모형의 부정확도를 나타낸 것으로 18.8%가 된다.

모형 요약

학습	교차 엔트로피 오차	1002.184
	부정확 예측 퍼센트	18.8%
	사용된 정지규칙	학습 오류 기준 (.0001)의 상대 변경이 수행되었습니다.
	학습 시간	0:00:00.32

종속변수: Credit rating

[출력 결과] 탭의 '망 성능' 옵션에서 '분류 결과'를 선택한 결과가 아래의 '분류'에 산출된다(p. 63 참조). '분류'는 신경망 모형을 평가할 때 가장 중요한 지표 중 하나인 모형의 정확도 (hit ratio)이다. 이번에 산출된 신경망 모형의 예측 정확도는 81.2%이다. 81.2%의 수준이 높은지/낮은지에 대한 평가는 분석자의 주관적 판단에 따른다. 분석자가 만족하는 수준의 예측 정확도가 될 때까지 모형을 반복해서 만들어가야 한다. 다만, 초기 목표변수의 범주 비율에 따라 예측 정확도가 어느 정도 향상되었는지 판단할 수는 있다. 예를 들어 초기 목표변수가 'Bad' 50%, 'Good' 50%의 비율이었는데 모형을 통해 예측 정확도가 81.2%로 나타났다면, 31.2%만큼 예측 정확도가 향상된 것으로 볼 수 있다.

분류

표본	관측	예측		
		Bad	Good	정확도 퍼센트
학습	Bad	758	262	74.3%
	Good	201	1243	86.1%
	전체 퍼센트	38.9%	61.1%	81.2%

종속변수: Credit rating

본 예제의 목표변수(Credit rating)에 대한 아래의 빈도분석 결과를 보면 'Bad'가 41.4%, 'Good'이 58.6%이다. 이 결과를 참조하면 신경망 모형을 통해 약 22.6(81.2−58.6)% 정도 향상된 수치가 된다.

Credit rating

		빈도	퍼센트	유효 퍼센트	누적 퍼센트
유효	Bad	1020	41.4	41.4	41.4
	Good	1444	58.6	58.6	100.0
	전체	2464	100.0	100.0	

다음으로 산출되는 결과값은 '관측값별 예측값 도표'에 대한 그래프로, X축이 실제 목표변수의 값이고 Y축이 예측된 결과값의 확률값을 도표화한 것이다. 일반적으로 이 그래프는 해석하지 않는다.

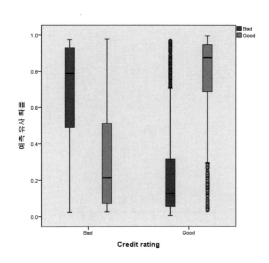

다음으로 출력된 도표는 ROC 도표의 결과이다. ROC 도표에 대해서는 앞에서 자세히 설명하였다(p. 64 참조). 종속변수의 각 값(Bad와 Good)에 대한 각각의 ROC 도표를 제시하고 있다. ROC 그래프는 급격하게 증가하다가 완화되는 형태의 곡선이 나타날 때 모형이 잘 적합되었다고 평가할 수 있다.

ROC 그래프 아래에 AUC(곡선 아래 영역) 결과표가 제시되고 있다. 'Bad'와 'Good'에 대한 AUC[10] 값이 0.8을 모두 넘어 모형의 적합도는 우수한(Good) 것으로 판단된다.

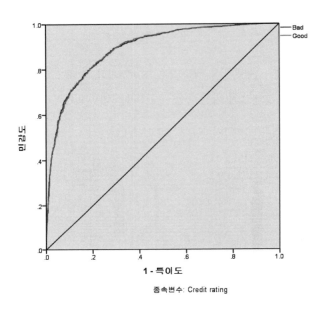

종속변수: Credit rating

곡선 아래 영역

		영역
Credit rating	Bad	.892
	Good	.892

---

10 AUC 기준은 다음과 같다.
　　·0.5 AUC<0.6: Fail　　·0.6 AUC<0.7: Poor,　　·0.7 AUC<0.8: Fair,
　　·0.8 AUC<0.9: Good,　·0.9 AUC 1.0: Excellent

다음으로 산출되는 결과는 '누적이익 도표'와 '리프트 도표'이다. 이에 대한 설명도 앞에서 다루었다(p. 65 참조). 누적이익 도표도 ROC 도표와 유사하게 급격히 상승되는 곡선을 그리는 것이 더 좋은 적합도를 나타낸다고 해석한다. 리프트 도표는 반대로 급격히 하락하는 곡선이 더 좋은 적합도를 보인다고 해석한다. 일반적으로 ROC 도표가 있기 때문에 누적이익 도표와 리프트 도표는 보조 지표로 참조한다.

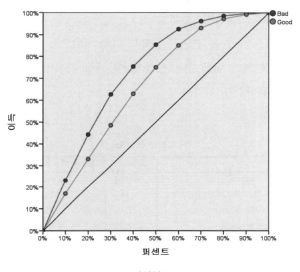

누적이익 도표

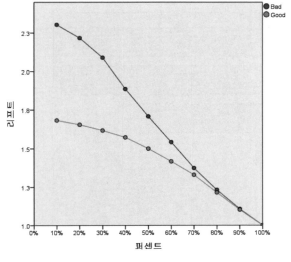

리프트 도표

4) '독립변수 중요도 분석' 결과 해석

마지막으로는 각 독립변수가 모형에 영향을 준 정도를 나타내는 '독립변수의 중요도' 결과표와 '정규화 중요도' 그래프가 산출된다. '독립변수 중요도' 결과표를 보면 생성된 모형에 가장 영향을 미치는 변수는 'Age', 'Income level', 'Number of credit cards' 등의 순이다.

독립변수의 중요도는 회귀모형의 계수값(coefficient)과 유사한 개념으로 이해하면 된다. 다만, 회귀분석에서의 각 계수값은 해당 독립변수 X가 1단위 증가할 때 종속변수 Y를 얼마나 증감할 것인가의 의미라면, 신경망 분석에서는 단순히 중요한 정도를 수치화한 값이다. 정규화 중요도는 가장 중요도가 높은 변수의 중요도 값을 100으로 할 때, 각 독립변수의 계수를 이에 대비한 값으로 환산한 비율이다. 예를 들어 'Age'가 100%라면 'Income level'은 78.6%만큼의 중요도가 된다는 뜻이다.

독립변수 중요도

	중요도	정규화 중요도
Income level	.324	78.6%
Number of credit cards	.217	52.6%
Education	.009	2.2%
Car loans	.039	9.4%
Age	.412	100.0%

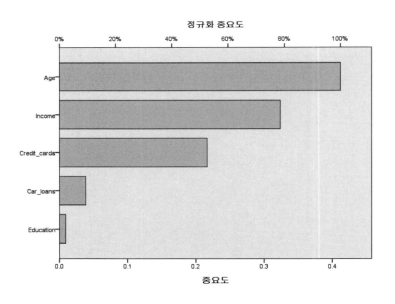

정규화 중요도

- 선형회귀분석, 로지스틱 회귀분석 등 기존의 통계적 알고리즘에서는 독립변수에 대한 유의성 검정 (test)을 수행한다. 즉, 종속변수에 유의한 영향을 주는 독립변수인지를 확인하여 어떠한 독립변수가 종속변수에 영향을 주고, 어떠한 독립변수가 영향을 주지 못하는지 검정한다. 예를 들어 선형회귀분석은 t검정(t-test)을 하여 독립변수의 유의성을 검정한다.

- 하지만 기계학습을 하는 알고리즘은 이러한 통계적 유의성 검정을 하지 않는다. 기계학습은 많은 양의 데이터를 기반으로 하고 있기 때문이다. 데이터의 수가 많아지면 유의수준의 신뢰구간이 좁아져 통계적 유의성 검정의 의미가 없어지게 된다. 즉, 무조건 유의하다는 결과가 나타날 확률이 높아진다.

- 그래서 일반적으로 기계학습은 독립변수의 중요도만을 산출하여 어떠한 독립변수가 더 많은 영향을 주고 있는지 나타내는 결과만 제공하고 독립변수의 유의성은 검정하지 않는다.

5) 신경망 모형을 통해 산출된 결과값 해석

[저장] 탭에서 '각 케이스별 종속변수에 대한 예측값이나 예측범주 저장'과 '각 케이스별 종속변수에 대한 예측 유사확률 저장'을 선택한 결과를 살펴보자(p. 66 참조). 이에 대한 결과는 결과값 창에 나타나지 않고 데이터창에 산출된다.

　데이터창으로 전환하고 왼쪽 하단의 [변수 보기] 탭을 선택하면, 다음 그림과 같이 3개의 변수(MLP_PredictedValue, MLP_PseudoProbability_1, MLP_PseudoProbability_2)가 추가로 생성된 것을 확인할 수 있다. 'MLP_PredictedValue'는 신경망 모형을 통해 예측된 결과값이다. 'MLP_PseudoProbability_1'은 목표변수(credit rating)가 0('Bad')이 될 확률값이고 'MLP_PseudoProbability_2'는 목표변수가 1('Good')이 될 확률값이다.

	이름	유형	너비	소수점이...	레이블	값
1	Credit_rating	숫자	8	2	Credit rating	{.00, Bad}...
2	Age	숫자	8	2	Age	없음
3	Income	숫자	8	2	Income level	{1.00, Low}...
4	Credit_cards	숫자	8	2	Number of credit cards	{1.00, Less...
5	Education	숫자	8	2	Education	{1.00, High...
6	Car_loans	숫자	8	2	Car loans	{1.00, None...
7	MLP_PredictedValue	숫자	8	2	Credit_rating의 예측값	{.00, Bad}...
8	MLP_PseudoProbability_1	숫자	8	3	Credit_rating = .00에 대한 예측 유사-확률	없음
9	MLP_PseudoProbability_2	숫자	8	3	Credit_rating = 1.00에 대한 예측 유사-확률	없음
10						

다시 왼쪽 하단의 [데이터 보기] 탭을 눌러 데이터창의 데이터값을 보면, 다음 그림과 같이 오른쪽에 3개의 변수가 추가된 것을 확인할 수 있다. 결과를 해석하면 1번 레코드(케이스)의 사람은 실제 'Credit rating'은 '0(Bad)'이었고, 신경망 모형을 통해 예측하면 '1(Good)'로 예측되었다는 것이다. 이때 Good이 될 예측 확률은 0.529(52.9%)이다. 이 레코드에 대한 예측은 오분류되었다는 것을 알 수 있다. 2번 레코드는 실제 Bad인데 Bad로 정분류되었고 Bad일 확률은 83.0%가 된다.

	*1.credit.sav [데이터세트1] - IBM SPSS Statistics Data Editor								
	파일(F) 편집(E) 보기(V) 데이터(D) 변환(T) 분석(A) 다이렉트 마케팅(M) 그래프(G) 유틸리티(U) 창(W) 도움말(H)								
	11 : MLP_PseudoProb... .96759741338945								
	Credit_rating	Age	Income	Credit_cards	Education	Car_loans	MLP_Predict edValue	MLP_Pseudo Probability_1	MLP_Pseudo Probability_2
1	.00	36.22	2.00	2.00	2.00	2.00	1.00	.471	.529
2	.00	21.99	2.00	2.00	2.00	2.00	.00	.830	.170
3	.00	29.17	1.00	2.00	1.00	2.00	.00	.944	.056
4	.00	32.75	1.00	2.00	2.00	1.00	.00	.881	.119
5	.00	36.77	2.00	2.00	2.00	2.00	1.00	.455	.545
6	.00	39.32	2.00	2.00	2.00	2.00	1.00	.378	.622
7	.00	31.70	2.00	2.00	2.00	2.00	.00	.609	.391
8	.00	34.72	1.00	2.00	1.00	2.00	.00	.906	.094
9	.00	31.53	1.00	2.00	1.00	2.00	.00	.931	.069
10	.00	24.78	2.00	2.00	2.00	2.00	.00	.781	.219
11	.00	22.76	1.00	2.00	2.00	2.00	.00	.968	.032
12	.00	45.97	1.00	2.00	1.00	2.00	.00	.732	.268
13	.00	29.39	2.00	2.00	2.00	2.00	.00	.696	.304
14	.00	29.21	1.00	2.00	2.00	1.00	.00	.915	.085
15	.00	39.60	1.00	2.00	1.00	2.00	.00	.850	.150
16	.00	39.46	1.00	2.00	2.00	2.00	.00	.846	.154
17	.00	34.13	1.00	2.00	2.00	2.00	.00	.909	.091
18	.00	35.82	2.00	2.00	2.00	2.00	1.00	.484	.516
19	.00	35.97	2.00	2.00	2.00	2.00	1.00	.479	.521
20	.00	26.26	3.00	2.00	2.00	2.00	1.00	.301	.699
21	.00	21.52	1.00	2.00	2.00	2.00	.00	.971	.029
22	.00	29.23	2.00	2.00	1.00	2.00	.00	.700	.300
23	.00	22.94	1.00	2.00	2.00	2.00	.00	.967	.033
24	.00	43.42	2.00	2.00	2.00	2.00	1.00	.269	.731
25	.00	20.16	2.00	2.00	1.00	2.00	.00	.872	.128
26	.00	27.98	2.00	2.00	1.00	2.00	.00	.731	.269
27	.00	29.49	2.00	2.00	2.00	2.00	.00	.671	.329

4 RBF 분석 실습

4-1 분석하기

MLP 분석 결과와 비교하기 위해 MLP 사례에서 사용된 데이터를 다시 사용한다. MLP 사례와 동일한 부분은 설명에서 제외한다.

1) 신경망 분석 선택

① SPSS Statistics의 팝업메뉴에서 [분석]을 클릭하면 아래로 분석 가능한 알고리즘의 목록이 생성된다.

② 알고리즘 목록 중 '신경망'을 클릭한다. 오른쪽에 '다층 퍼셉트론'과 '방사형 기저함수'가 생성된다.

③ '방사형 기저함수'를 클릭하면 분석창이 생성된다.

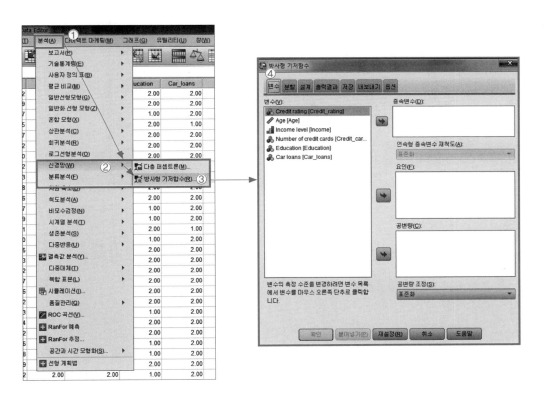

2) 종속변수 및 독립변수 선택

MLP 사례와 동일하게 설정한다. '종속변수'에 'Credit rating'을 선택하고, 범주형 변수인 'Income level', 'Number of credit cards', 'Education', 'Car loans'를 선택하여 '요인'에 넣어준다. 'Age'를 '공변량'에 넣어준다. '공변량 조정'은 MLP 사례와 동일하게 '정규화'로 바꾸어준다.

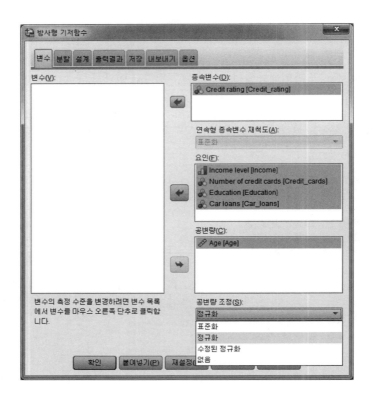

3) 데이터 분할

MLP 사례와 같이 '학습'을 '10', '검정'을 '0'으로 변경한다. 즉 모든 케이스(레코드)로 모형을 생성한다.

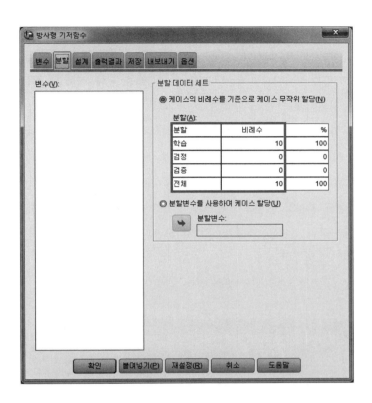

4) 모형 설계

[설계] 탭 부분은 RBF 모형을 어떻게 생성할지를 설계하는 과정으로 MLP 사례와 달라지는 부분이다.

① '은닉층의 노드 수'는 기본 셋팅인 '범위 내에서 최상의 노드 수 찾기'를 유지한다. MLP 모형은 은닉층의 계층화(다단계)로 설정할 수 있는 반면, RBF 모형은 한 개의 은닉층에 다수의 RBF 함수(노드)를 생성하여 모형을 생성하게 된다. 이때 몇 개의 노드를 생성할 것인가를 설정해야 하는데, 일반적으로 몇 개의 노드가 적정한지 모르기 때문에 '범위 내에 최상의 노드 수 찾기'를 선택한다. 단, 레코드의 수가 매우 많거나 최적의 노드 수를 찾는 데 걸리는 시간이 긴 경우에는 분석자가 '지정한 범위 사용' 또는 '지정한 노드 수 사용'을 선택하여 설정한다.

② '은닉층에 대한 활성화 함수'는 '정규화 방사형 기저함수'를 선택한다. 정규화는 MLP 사례에서 제시하고 있다(p. 57 참조). 일반적으로 변수의 척도를 비슷하게 유지하기 위해 정규화 방법이 선호된다.

③ '은닉노드 간의 중복'은 '허용할 중복 양을 자동으로 계산'을 선택한다.

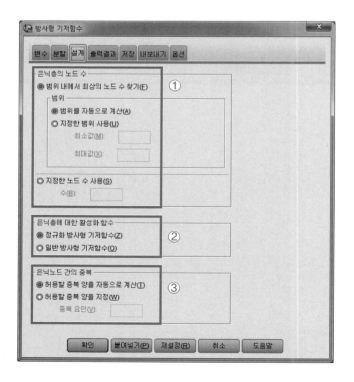

5) 출력 결과

[출력 결과] 탭에서의 설정은 중요한 출력 결과만을 선택한다. 출력 결과의 각 옵션에 대한 설명은 MLP 사례에 자세히 설명되어 있다(pp. 62-63 참조). 망 구조에서는 RBF 신경망의 기본 구조에 대한 결과이기 때문에 '설명', '다이어그램', '시냅스 가중값'을 선택한다. 망 성능에서는 '모형 요약', '분류 결과', 'ROC 곡선'을 선택한다. 마지막으로 '독립변수 중요도 분석'을 선택한다.

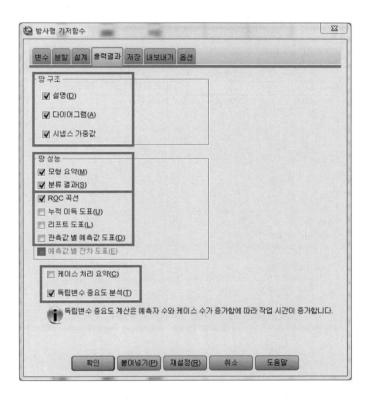

6) 저장

[저장] 탭은 신경망 모형을 통해 산출된 예측 결과의 값과 확률값을 데이터창에 저장하는 옵션이다. 예측 결과의 값은 'RBF_PredictedValue' 변수명으로, 예측 결과의 확률값은 'RBF_PseudoProbability' 변수명으로 저장된다.

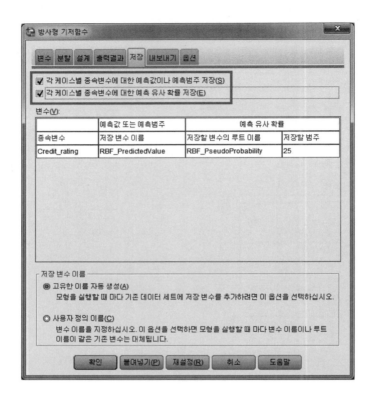

7) 내보내기/옵션

[내보내기] 탭은 생성된 RBF 모형(독립변수의 가중 추정값 등)을 XML로 내보내는 기능인데 본 사례에서는 선택하지 않는다. [옵션] 탭에서는 결측값에 대한 처리 방법을 선택한다. 본 사례에서는 결측값이 있는 케이스(레코드)를 모형 생성에서 제외하도록 한다.

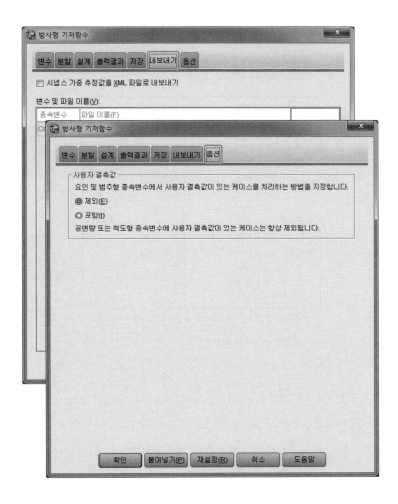

4-2 결과 해석하기

RBF로 생성된 모형의 결과를 해석하는 단계이다. 생성된 결과는 위의 [출력 결과] 탭에서 선택한 옵션들을 차례로 산출한다. 결과 해석은 MLP 사례에서 자세히 설명했으므로(p. 69 참조) 여기서는 모형의 결과만을 해석한다.

아래의 '망 정보'는 RBF 신경망을 통해 생성된 모형의 구조(망 구조)에 대한 개괄적 설명이다.

망 정보

입력층	요인	1	Income level	
		2	Number of credit cards	
		3	Education	
		4	Car loans	
	공변량	1	Age	
	노드 수			10
	공변량 조정 방법		정규화	
은닉층	노드 수			4[a]
	활성화 함수		소프트맥스	
출력층	종속변수	1	Credit rating	
	노드 수			2
	활성화 함수		항등	
	오차 함수		제곱합	

a. 베이지안 정보 기준에 따라 결정됩니다: 은닉층의 "최적의" 노드 수는 학습데이터 기준으로 가장 작은 BIC를 가지는 경우에 정해집니다.

다음의 'RBF 구조 다이어그램'은 [설계] 탭에서 '범위 내에서 최상의 노드 수 찾기'를 선택한 결과이다. 생성된 RBF 모형의 구조는 은닉층의 노드(뉴런)로 이루어져 있다.

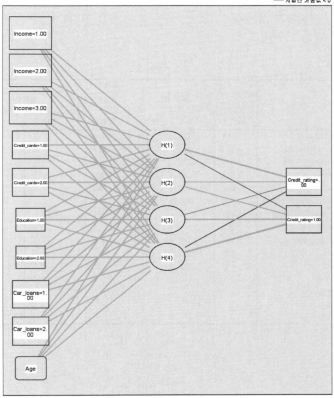

은닉층 활성화 함수: 소프트맥스

출력층 활성화 함수: 항등

아래의 '모형 요약' 결과를 보면 RBF 모형의 오차제곱합(sum of square error)은 378.969이며, 오분류(부정확 예측) 확률은 23.1%이다.

모형 요약

학습	오차제곱합	378.969
	부정확 예측 퍼센트	23.1%
	베이지안 정보 기준(BIC)	-8819.554[a]
	학습 시간	0:00:00.52

종속변수: Credit rating

a. 은닉층 노드 수는 베이지안 정보 기준에 따라 결정됩니다: 은닉층 "최적의" 노드 수는 학습 데이터 기준으로 가장 작은 BIC를 가지는 경우에 정해집니다.

아래의 '모수 추정값' 결과는 다이어그램에서 제시된 RBF 모형의 시냅스 가중치를 보여준다. 일반적으로는 해석하지 않는다.

모수 추정값

예측자	예측					
	은닉층ª				출력층	
	H(1)	H(2)	H(3)	H(4)	[Credit_rating =.00]	[Credit_rating =1.00]
입력층 [Income=1.00]	.496	.379	.000	.000		
[Income=2.00]	.504	.383	.415	.516		
[Income=3.00]	.000	.238	.585	.484		
[Credit_cards=1.00]	.000	.502	.000	1.000		
[Credit_cards=2.00]	1.000	.498	1.000	.000		
[Education=1.00]	.509	.458	.499	.519		
[Education=2.00]	.491	.542	.501	.481		
[Car_loans=1.00]	.000	.711	.000	1.000		
[Car_loans=2.00]	1.000	.289	1.000	.000		
Age	.233	.313	.378	.368		
은닉노드 너비	.453	.648	.453	.455		
은닉층 H(1)					1.182	-.182
H(2)					.384	.616
H(3)					-.018	1.018
H(4)					-.272	1.272

a. 각 은닉노드에 대한 중심 벡터를 표시합니다.

'분류' 결과는 RBF 모형의 예측 정확도, 즉 모형의 적합도(hit ratio)를 보여준다. 위의 '모형 요약'에서는 오분류 확률이 제시되었는데 여기서는 그것의 역수인 정분류 확률이 제시된다. 생성된 RBF 모형의 예측 정확도는 76.9%이다. 이 모형이 실제 Bad를 Bad로 정확히 예측할 확률은 75.3%이며, Good을 Good으로 정확히 예측할 확률은 78.0%이다.

분류

표본	관측	예측		
		Bad	Good	정확도 퍼센트
학습	Bad	768	252	75.3%
	Good	318	1126	78.0%
	전체 퍼센트	44.1%	55.9%	76.9%

종속변수: Credit rating

MLP 사례와의 비교를 위해 '분류' 결과에 대한 아래의 표를 참조해보자. MLP로 생성된 모형의 예측 정확도는 81.2%이고 RBF는 76.9%로 MLP 모형의 예측 정확도가 더 높다. 따라서 이번 사례는 MLP로 예측하는 것이 더 좋은 모형이라고 판단할 수 있다. 다만 Bad를 Bad로 정분류할 확률은 RBF 모형이 MLP 모형에 비해 다소 높은 것을 알 수 있다. 즉 전체적인 모형은 MLP 모형의 예측 정확도가 높으나, Bad를 Bad로 예측할 때에는 RBF 모형의 예측 정확도가 다소 높다고 해석할 수 있다.

분류

표본	관측	예측		
		Bad	Good	정확도 퍼센트
학습	Bad	758	262	74.3%
	Good	201	1243	86.1%
	전체 퍼센트	38.9%	61.1%	81.2%

종속변수: Credit rating

MLP 모형 결과

분류

표본	관측	예측		
		Bad	Good	정확도 퍼센트
학습	Bad	768	252	75.3%
	Good	318	1126	78.0%
	전체 퍼센트	44.1%	55.9%	76.9%

종속변수: Credit rating

RBF 모형 결과

'ROC 곡선'은 모형의 적합도를 판단할 수 있는 기준이다. ROC 곡선 아래에는 AUC('곡선 아래 영역') 표가 제시되는데 'Bad'와 'Good'에 대한 AUC[11] 값이 모두 0.8을 넘어 모형의 적합도가 우수한(Good) 것으로 판단할 수 있다. 다만 MLP 사례에서는 'Bad'와 'Good'에 대한 AUC가 '0.892'로 나타나 생성된 RBF 모형의 적합도가 MLP에 비해 다소 낮은 것으로 판단할 수 있다.

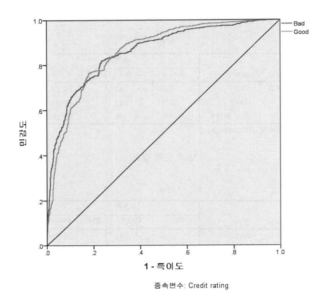

종속변수: Credit rating

곡선 아래 영역

		영역
Credit rating	Bad	.860
	Good	.860

---

11 AUC 기준은 다음과 같다.
　　·0.5 AUC<0.6: Fail,　　·0.6 AUC<0.7: Poor,　　·0.7 AUC<0.8: Fair
　　·0.8 AUC<0.9: Good,　　·0.9 AUC 1.0: Excellent

아래의 '독립변수 중요도' 결과는 RBF 모형을 생성할 때 사용된 독립변수의 기여도를 보여준다. 'Income level'의 영향력이 가장 높고 다음으로 'Car loans', 'Number of credit cards' 등의 순이다. 영향력이 가장 낮은 변수는 'Education'이다.

독립변수 중요도

	중요도	정규화 중요도
Income level	.419	100.0%
Number of credit cards	.234	55.8%
Education	.029	6.9%
Car loans	.239	57.2%
Age	.079	18.8%

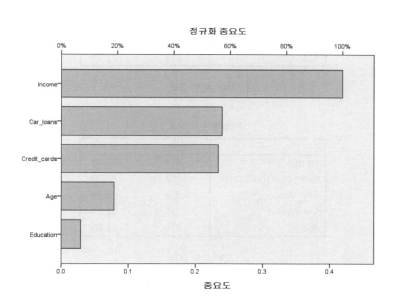

MLP 결과와 독립변수 중요도의 결과를 비교해보면 MLP는 'Age', 'Income level', 'Number of credit cards' 순으로 영향력이 높으며, RBF는 'Income level', 'Number of credit cards', 'Car loans' 순으로 영향력이 높게 나타난 것을 알 수 있다. 신경망은 모형을 생성할 때 사용하는 분석방법(MLP, RBF 등), 함수선택(활성함수의 형태), 초기 가중치에 따라 독립변수의 중요도가 크게 변화될 수 있으므로 해석할 때 주의해야 한다. 즉, 회귀분석에서의 독립변수의 표준화된 계수처럼 해석하는 데 주의가 필요하다.

독립변수 중요도

	중요도	정규화 중요도
Income level	.324	78.6%
Number of credit cards	.217	52.6%
Education	.009	2.2%
Car loans	.039	9.4%
Age	.412	100.0%

MLP 모형 결과

독립변수 중요도

	중요도	정규화 중요도
Income level	.419	100.0%
Number of credit cards	.234	55.8%
Education	.029	6.9%
Car loans	.239	57.2%
Age	.079	18.8%

RBF 모형 결과

5 신경망 분석 사례 결과 종합

• 신경망 분석의 종속변수(목표변수)는 범주형/연속형 모두 가능하다.

• 독립변수(입력변수)도 범주형/연속형 모두 가능하다,

• 신경망에서는 연속형 변수에 대한 척도(scale)를 유사하게 맞추기 위해 변수를 변환하는데, 일반적으로 정규화(0과 1 사이의 값) 방식으로 변환한다.

• 모형에 대한 평가는 결과표 '분류'에서 산출된 예측 정확도(hit ratio)로 주로 하며, AUC의 수치가 높은 모형이 보다 잘 적합된 것으로 판단한다.
 – 예측 정확도와 AUC가 높은 모형을 잘 적합된 모형으로 판단한다.

• 신경망 모형은 한 번에 분석하는 것이 아니라 MLP, RBF 등 신경망의 종류와 각 신경망의 옵션을 조정하면서 최적의 모형이 산출될 때까지 반복하여 생성하는 것이 바람직하다.

• 독립변수의 영향력은 '독립변수 중요도'로 판단하는데 신경망의 종류, 활성함수의 종류 등에 따라 독립변수의 중요도가 크게 변화될 수 있어 주의해야 한다.
 – 실제 신경망은 은닉층(hidden layer)을 통해 결과만을 산출하고 실질적인 모형의 근거를 제시하지는 않는다. 따라서 '독립변수 중요도'를 회귀분석의 표준화 계수처럼 해석하는 데는 주의가 필요하다. 다만, '독립변수 중요도'는 산출된 신경망 모형에서의 독립변수 중요도이기 때문에 여러 번 모형을 산출해보고 독립변수의 중요도가 안정화되어 있으면 독립변수의 영향력을 일반화하여 평가할 수 있다.[12]

---

12 일반화된 견해는 아니며 저자의 의견이다.

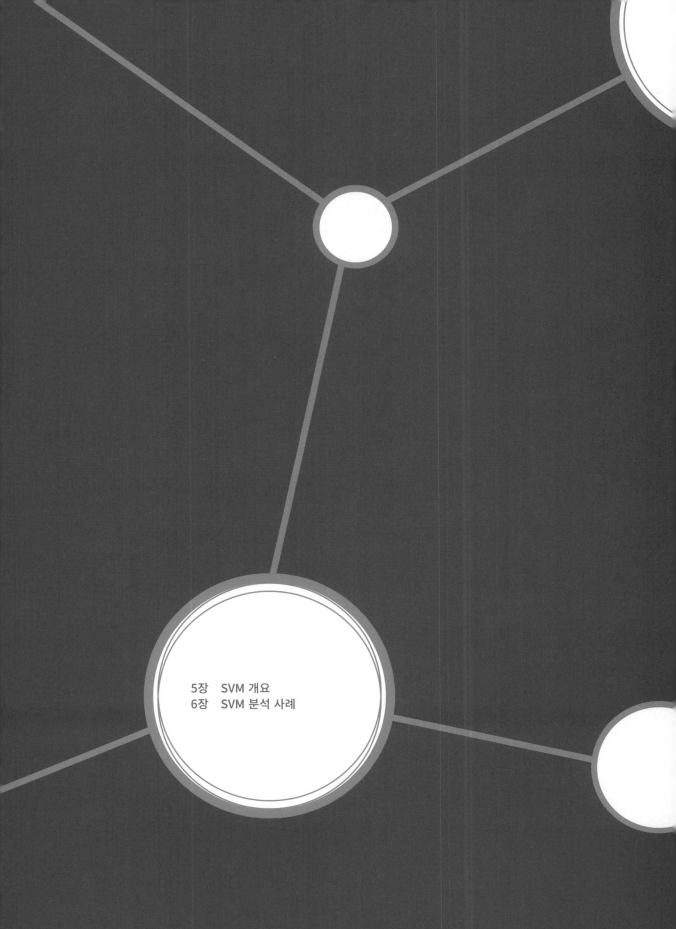

3부
서포트 벡터 머신(SVM)

5장

SVM 개요

1 SVM 개념

서포트 벡터 머신(support vector machine, SVM)은 분류/판별(classfication)과 추정
(estimation)을 할 수 있는 분석 알고리즘이다. 학습의 방법은 지도학습에 해당한다. 즉, 목표
변수가 존재할 경우에 분류/판별 예측이나 연속형 값(점추정) 예측을 할 때 사용하는 알고리
즘이다.

  SVM은 블라디미르 바프닉(Vladimir Vapnik)과 알렉세이 체르보넨키스(Alexey
Chervonenkis)에 의해 1963년 처음 제안되었고, 1990년 중후반 필기숫자 인식과 같은 실용
적인 응용에서 우수한 일반화 능력이 입증되면서 두각을 나타내게 되었다. 2000년대에는 신
경망의 국소지역해[1] 문제에 대한 대안으로 SVM이 제시되어 많이 사용되고 있다. SVM은 기
본적으로 두 범주를 갖는 관측값들을 분류하는 방법(이분범주형)으로, 주어진 데이터들을 가
능한 한 멀리 2개의 집단으로 분리시키는 최적의 초평면(hyperplane)을 찾는 데 초점을 둔다.
최근에는 연속형 변수에 대한 예측에도 적용 가능하도록 발전되었다.

  1963년 바프닉과 체르보넨키스가 고안한 SVM의 형태는 최적 분류 초평면(optimal
separating hyperplane)으로, 단순 선형분류 형태로 선형 분리가 되지 않는 대부분의 상황에
서는 적용하기 어려웠다. 1990년대 들어 선형 분리가 되지 않는 상황에서 커널(kernel) 대치
라는 학습법이 고안되면서 비선형 분류가 가능해지고 판별/분류의 예측도가 향상되었다. 현
재 이론적으로는 랜덤포레스트 알고리즘과 더불어 인식 성능이 가장 뛰어난 모델 중 하나로
평가되고 있다.

---

1 2장 '1) 딥러닝의 배경' 부분을 참조한다(p. 26).

2 SVM 알고리즘

1) 선형 분류

서포트 벡터(support vector)를 우리말로 굳이 표현하면 '받침점'으로 쓸 수 있다. 서포트 벡터 머신은 받침점의 경계선(hyperplane)을 긋는데 이를 기계학습으로 한다는 의미가 된다.

아래 [그림 5-1]에서 위의 진회색 점과 아래의 흰색 점을 구분하기 위해 무수히 많은 선을 그릴 수 있다.

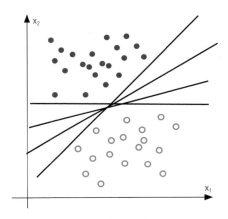

출처: www.iro.umontreal.ca/~pift6080/documents/papers/svm_tutorial.ppt 자료

[그림 5-1] 이변량 모의 데이터

이때 [그림 5-2]와 같은 상황을 가정해보자. 상부에 있는 점들 중에서 진회색 점이 아래에 있는 점들(파란색과 흰색)과 구분되는 경계에 있는 점들이 될 수 있다. 반대로 하부의 점들 중에 파란색의 점들은 상부에 있는 점들(회색과 진회색)과 구분되는 경계에 있는 점들이 될 수 있다. 이러한 점들을 받침점이라 한다. 이러한 경계에 있는 점들을 선형으로 연결하면 상부의 점들과 하부의 점들을 구분하는 함수식을 만들 수 있다. 이러한 함수식을 찾아내는 알고리즘이 SVM이다.

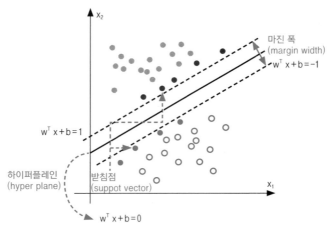

참조: www.iro.umontreal.ca/~pift6080/documents/papers/svm_tutorial.ppt 자료

[그림 5-2] 받침점과 분류선

위의 [그림 5-2]를 식으로 표현해보자. 목표변수 $y_i = -1$ 또는 1이라고 가정하고 받침점 x_i, $i = 1, 2, \cdots, n$이라고 한다. 즉 목표변수 y는 1 또는 –1의 값을 갖고 받침점은 n개의 x_i라고 가정한다. 이때 선형분류함수(linear classifier function)를 $f(x) = W'X + b$로 표기한다고 하자. 이 선형분류함수($f(x)$)가 > 0이면 y를 1로 예측하고, $f(x) < 0$이면 y를 –1로 분류하여 예측한다.

이때 다음의 [식 5-1]과 같은 제약 조건이 따른다.

$$w'X + b \geq \ 1, \text{ for } y_i = \ 1,$$
$$w'X + b \leq -1, \text{ for } y_i = -1 \qquad\qquad \text{[식 5-1]}$$

이렇게 2개의 식이 생기면 두 식 사이의 거리(공간)가 생기게 되는데 이를 Margin Width(이 하 Margin, M)라 하자. 이에 대한 식은 다음과 같다.

$$M = (x^+ - x^-) \cdot n$$
$$= (x^+ - x^-) \cdot \frac{w}{\|w\|}$$
$$= \frac{2}{\|w\|} \qquad\qquad \text{[식 5-2]}$$

그런데 M이 클수록 1과 -1 사이의 구분이 명확하게 된다. 즉 받침점의 경계면이 명확하게 되고 분류가 잘될 수 있다([그림 5-2] 참조). 그래서 M을 최대화(maximize)하는 것이 필요한데, 이를 위해서는 w를 최소화(minimize)해야 한다([식 5-4] 참조). 그래서 위의 M을 최대화하기 위해 다음의 [식 5-3]을 최소화하는 것으로 변환할 수 있다.

$$Minimize\ \frac{1}{2}\|w\|^2,\ \ s.t\ y_i(w^t x_i + b) \geq 1 \qquad \text{[식 5-3]}$$

이 식을 풀기 위해 라그랑주 승수(Lagrange multipliers)를 적용하면 다음과 같이 된다.

$$Minimize\ L_p(w, b, \lambda) = \frac{1}{2}\|w\|^2 - \sum_{i=1}^{n}\lambda_i(y_i(w^t x_i + b) - 1),\ \ s.t\ \lambda_i \geq 0 \qquad \text{[식 5-4]}$$

편미분을 통해 [식 5-5]와 같이 되는데 여기서 λ_i는 라그랑주 승수이고, $\lambda_i \geq 0$이다.

$$\frac{\partial L_p}{\partial w} = 0 \Rightarrow w = \sum_{i=1}^{n}\lambda_i y_i x_i$$
$$\frac{\partial L_p}{\partial b} = 0 \Rightarrow \sum_{i=1}^{n}\lambda_i y_i = 0 \qquad \text{[식 5-5]}$$

그런데 일반적으로 이렇게 완벽히 구분되는 데이터는 찾아보기 어렵다. 상호 경계면의 위아래에 $y=1$과 $y=-1$의 데이터가 중첩될 경우 위와 같은 받침점을 찾을 수 없다. 즉, 선형식을 통해 데이터를 2개의 그룹으로 명확히 구분할 수 없다.

다음의 [그림 5-3]을 보자. 왼쪽 상단에 '네모'난 데이터가 들어 있고 오른쪽 하단에 '동그라미' 데이터가 들어 있다고 하자. 이러한 경우에 위의 선형 SVM의 방식으로는 분류함수를 찾아낼 수 없다. 이러한 상황을 선형 분리가 되지 않는 일반 상황이라고 한다.

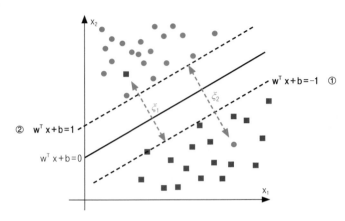

참조 : www.iro.umontreal.ca/~pift6080/documents/papers/svm_tutorial.ppt 자료

[그림 5-3] 선형 분리되지 않는 상황에서의 SVM

위의 [그림 5-3]에서 왼쪽 상단의 '네모'는 원래 분류함수(그림의 ①)로 분류되지 못하고 오른쪽 하단의 '동그라미' 또한 분류함수(그림의 ②)로 분류할 수 없다. 따라서 이렇게 선형 분리가 되지 않는 일반 상황에서는 분류함수로 분류할 수 없는 개체들에 대해 처리해야 하는데, 이를 위해 [식 5-3]의 $Minimize \frac{1}{2}\|w\|^2$에 대한 조건을 완화해야 한다. 즉, 선형 분리되지 않는 부분에 대해 패널티를 부과하여 해를 구할 수 있다.

[식 5-3]에서 M을 구하기 위한 식을 수정하게 된다.

$$Minimize \frac{1}{2}\|w\|^2 + C\sum_{i=1}^{n}\xi_i, \ \ s.t \ y_i(w^t x_i + b) \geq 1 - \xi_i$$ [식 5-6]

여기에서 $\xi_i \geq 0$이고 이를 '조건완화 여분(stack)'이라고 한다. 그리고 $C > 0$는 '단위비용(unit cost)'이라고 하며 과대적합에 대한 조절기능(distance of error points to their correct place)을 한다.

2) 비선형 분류

선형 SVM은 선형으로 그룹을 분류하는 것이다. 즉 아래 [그림 5-4]의 ①과 같이 분리하는 것이다. 그런데 ②의 선형 분리 불가능 데이터셋을 보자. 이러한 패턴으로 데이터가 나열되어 있다고 가정하면 기존의 선형 SVM으로는 분류할 수 없다. 이때 x의 값을 제곱하면 ③의 그림과 같이 타점될 수 있고, 이때 네모와 동그라미를 선형으로 분류할 수 있다.

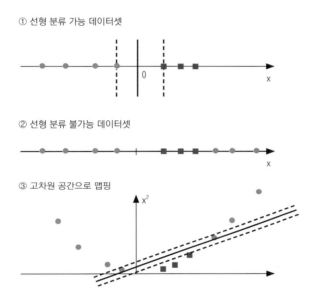

출처: www.iro.umontreal.ca/~pift6080/documents/papers/svm_tutorial.ppt 자료 가공

[그림 5-4] 비선형 SVM 개념

이렇게 원래 차원의 데이터를 다차원 공간으로 전환하면 기존의 선형으로 풀리지 않았던 문제들을 해결할 수 있다. 즉 복잡한 특성의 데이터를 분리 가능한 다차원 공간으로 매핑(mapping)하여 문제를 풀 수 있다. 이러한 방법을 '커널(kernel) 대치'라고 한다.

다음의 [그림 5-5]는 선형 분리가 불가능한 데이터를 커널 대치를 통해 3차원 공간상에서 선형 분리가 가능하게 변화시키는 사례의 그림이다.

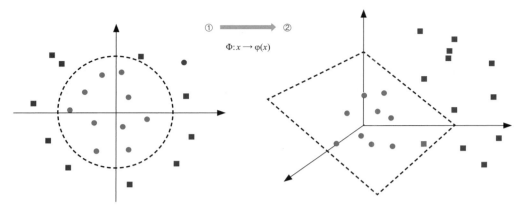

출처 : www.iro.umontreal.ca/~pift6080/documents/papers/svm_tutorial.ppt 자료

[그림 5-5] 커널 대치

커널 대치 했을 때의 식을 살펴보면, 처음의 선형 분류함수(linear classifier funtion) $f(x) = W^t X + b$가 다차원 공간으로 매핑되었을 때의 함수로 변환하게 될 것이다. 그래서 $f(x) = W^t X + b \rightarrow f(x) = W^t \Phi(x) + b$로 변환된다. 이를 자세히 풀면 다음과 같다.

$$f(x) = W^t \Phi(x) + b = \sum_{i \in SV} \lambda_i \Phi(x_i)^t \Phi(x) + b$$
$$= \sum_{i \in SV} \lambda_i K(x_i, x) + b \qquad\qquad \text{[식 5-7]}$$

여기서 $K(x_i, x_j) \equiv \Phi(x_i)^t \Phi(x_j)$가 되고 이를 '커널 함수'라고 한다. 커널 함수는 SVM에서 일반적으로 4가지가 많이 사용된다. 선형 커널(linear kernel), 다항 커널(polynomial kernel), 가우스 커널[Gaussian kernel, 일명 radial-basis function(RBF) kernel], 시그모이드 커널(sigmoid kernel)이다.

• 커널 함수

- 선형 커널: $K(x_i, x_j) \equiv x_i^t x_j$
- 다항 커널: $K(x_i, x_j) \equiv (1 + x_i^t x_j)^p$
- 가우스 커널: $K(x_i, x_j) \equiv \exp(\dfrac{\|x_i - x_j\|^2}{2\sigma^2})$
- 시그모이드 커널: $K(x_i, x_j) \equiv \tanh(\beta_0 x_i^t x_j + \beta_1)$

---

3 SVM 알고리즘의 특징

SVM 알고리즘도 데이터마이닝 기법의 하나로 데이터마이닝 알고리즘이 가지는 대부분의 장단점을 가지고 있다.

1) 장 점

예측력이 우수하고, 모형 산출에 대한 가정이 없으며, 변수타입에 자유롭다. 이외에 SVM만의 차별적인 장점을 정리하면 다음과 같다.

- 데이터마이닝 기법 중에서도 예측력이 우수한 알고리즘이다.

실제 응용에 있어서 신경망 수준 이상의 높은 성과를 내는 것으로 알려져 있다. 실제 신경망의 국소지역해의 대안으로 SVM이 제시되었다. 다만 최근 신경망의 단점을 보완한 딥러닝 기술의 발전으로 신경망의 단점은 보완되고 있다. 하지만 높은 하드웨어 수준을 요구하는 딥러닝 알고리즘으로 인해 아직까지 딥러닝 알고리즘은 일반 기업이나 기관, 학교 등에서 데이터 분석 알고리즘으로 일반화되지 못하고 있다. 따라서 SVM은 신경망의 대안으로 여전히 유효하다.

- 샘플이 작을 때에도 모형의 적합도가 우수하다.

신경망은 라지 샘플 사이즈를 요구하는 반면, SVM은 데이터의 특성이 얼마 되지 않더라도 복잡한 결정경계(hyperplane)를 만들 수 있다. 이에 따라 스몰 샘플 사이즈의 데이터에도 유용하게 적합할 수 있다.

- 계산량이 적어 대용량 데이터에 대한 분석이 가능하다.

SVM은 경계면을 찾아 결정경계를 만들어 분류하기 때문에 계산량이 많지 않다. 따라서 대용량 데이터도 빠르게 분석할 수 있다.

- 생물정보학, 문자 인식, 필기 인식, 얼굴 및 물체 인식 등에 우수하다.

SVM은 텍스트, 기호, 형태 등에 대한 분류에 뛰어나다. 따라서 텍스트마이닝과 같은 분석에도 유용하게 활용할 수 있다.

2) 단 점

모형 산출의 근거를 제시하지 못하는 데이터마이닝의 일반적인 단점을 지닌다. 이외에 SVM 만의 차별적인 단점을 정리하면 다음과 같다.

• 파라미터 C(단위비용)와 커널 선택에 따라 모형이 민감하다.

앞에서 SVM 알고리즘에서 선형 분리되지 않는 부분에 대해 패널티를 부과한다고 하였다. 이때 단위비용의 값을 어떻게 설정하는가에 따라 모형의 편차가 커질 수 있다. 또한 커널 대치의 함수로 4가지 알고리즘을 제시하였는데, 어떠한 커널 함수를 쓰는가에 따라서도 크게 영향을 받는다.

• 다범주 분류의 경우 기하급수적으로 학습속도와 분류속도가 느려진다.

SVM은 초기 이진분류(Y가 0 또는 1)에 적합한 알고리즘으로 개발되었다. Y의 범주가 늘어날 경우, 경계면을 찾는 결정경계의 수도 증가하기 때문에 기하급수적으로 계산이 증가하는 단점이 있다.

6장
SVM 분석 사례

1 SPSS에서 SVM 실습을 위한 기초 작업

SPSS Statistics의 서포트 벡터 머신(support vector machine, SVM) 분석은 통계 패키지 R을 기반으로 한다. 그래서 기본 SPSS Statistics만으로는 분석할 수 없고 R_Windows 프로그램을 설치하고 SPSS Statistics를 패치(patch)해야 한다. SPSS Statistics 프로그램의 버전에 따라 설치하는 버전이 다르므로 실제 사용을 위해서는 ㈜데이타솔루션(spss.datasolution.kr)에 문의하여 설치하는 것을 권장한다.

SVM 분석을 위한 프로그램 설치 단계를 간략히 살펴보면 다음과 같다(SPSS Statitics 23 버전과 R_Windows 3.1.0 버전 기준임).

① www. r-project.org 접속 → 'download R'을 선택하여 안내에 따라 'R for Windows'를 설치한다.
② spss.datasolution.kr 접속 → 메뉴 상단의 [기술지원] 클릭 후 아래의 'Patch' 선택 → 'IBM SPSS Statistics R Essentials 23' 클릭 → IBM_SPSS_Statistics_R_Essentials_23_win32.exe를 다운받아 설치한다. SPSS 다른 버전은 해당 버전의 patch 파일을 다운받아 설치하면 된다.
③ 윈도우즈 화면에서 R_Windows 프로그램을 실행한다.

④ R_Windows 상단 팝업메뉴의 [Packages] 클릭 → 'Set CRAN mirror'를 선택한다.

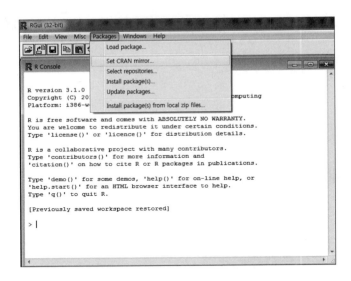

⑤ 'Korea (Seoul 1)'을 선택한다.

⑥ 다시 R_Windows 상단 팝업메뉴의 [Packages] 클릭 → 'Install package(s)'를 클릭한다.

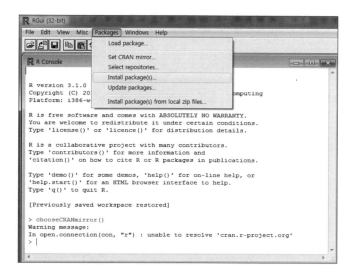

⑦ 'e1071'을 클릭한다.

2 SVM 분석 실습

2-1 기초 개념 정리 및 데이터 설명

1) 기초 개념

SVM은 신경망(MLP, RBF) 분석과 동일한 목적의 분석방법으로 분류/판별(classification)과 추정(estimation)을 수행할 수 있다.

종속변수의 타입은 연속형/명목형 모두를 사용할 수 있으며, 명목형 변수일 때에는 분류/판별 예측분석을 수행하고 연속형일 때에는 점추정 예측분석을 수행한다. 다만 SVM은 종속변수의 타입이 2진 범주형 변수(0 or 1)에 특화되어 개발된 알고리즘이기 때문에 이러한 점을 참조하여 분석할 필요가 있다.

독립변수의 타입은 연속형/명목형 모두를 사용할 수 있으며 변수의 타입에 제약은 없다. 다만 SPSS Statistics상에서는 설정된 변수의 타입으로 데이터 타입을 인식하기 때문에 변수의 타입을 명확히 설정할 필요가 있다.

2) 데이터 설명

신경망에서 사용한 '은행신용도.(1.credit.sav)' 파일을 그대로 이용한다. 분석의 목적은 신경망에서와 동일한 신용도에 영향을 주는 독립변수를 통해 신용도를 분류/판별하는 예측모형을 개발하는 것이다.

2-2 분석하기

1) 파일 열기

① '1.credit.sav' 파일을 열고 왼쪽 하단의 [변수 보기] 탭을 클릭한다.

② 그런 다음 오른쪽의 '측도'를 확인한다. 측도를 확인하는 이유는 SVM 분석의 경우에 측도에서 설정된 변수타입을 그대로 반영하기 때문이다. 예를 들어, 범주형 데이터인데 '척도'로 설정되어 있으면 연속형 데이터로 인식하게 된다. 따라서 분석에 앞서 변수타입을 반드시 확인해야 한다.

2) SVM 분석 선택

① SPSS Statristics 팝업메뉴의 [분석]을 클릭한다.

② '분류분석'을 클릭한 후 오른쪽 중간의 '서포트 벡터 머신'을 선택한다.

③ 그러면 분석을 위한 창이 생성된다.

3) 종속변수 및 독립변수 선택

① 변수 중 'Credit rating'을 클릭하여 오른쪽 '종속변수'로 이동하고, 나머지 변수들은 오른쪽 아래의 '독립변수'로 이동시킨다. 종속변수와 독립변수의 척도는 앞서 [변수 보기] 탭의 '측도'에서 설정한 타입으로 자동 인식된다.

② '명령문 모드'는 모형을 만들 것인지, 만들어진 모형으로 새로운 데이터값을 추정할 것인지 선택하는 창이다. 여기서는 모형을 만드는 것이기 때문에 'SVM 추정'을 유지한다.

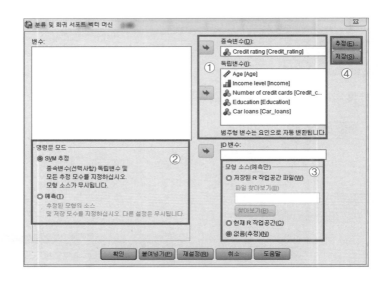

③ '모형 소스(예측만)'는 ②에서 '예측'을 선택한 경우이므로 '없음(추정)'을 유지한다.

④ [추정]은 모형 생성을 위한 옵션을 선택하는 창이고 [저장]은 모형을 통해 추정된 예측 결과값을 저장하는 옵션이다. 여기에서는 [추정]을 클릭한다.

4) 추정

① 왼쪽 상단의 체크버튼 '척도변수'는 연속형 변수를 사용하겠다는 옵션이다. 'SVM 유형'은 크게 4가지를 제공하고 있는데, 종속변수가 범주형일 때는 'C 분류'와 'Nu 분류'를 사용하고 연속형일 때는 'EPS(엡실론) 회귀'와 'Nu 회귀'를 사용한다. '자동'을 선택하면 종속변수의 타입에 따라 자동으로 선택된다.

• **SVM 분류**

• 범주형 종속변수: classification type

– C-SVM classification: C 파라미터 결정방법으로 마진의 크기와 오분류된 훈련 데이터의 수 사이에서 교환하여 결정한다. 일반적으로 데이터의 수에 따라 달라지지만 10^{-5}에서 10^{+5} 사이를 고려한다.

– Nu-SVM classification: C 파라미터 대신에 Nu 파라미터를 사용한다. 일반적으로 훈련데이터 중 서포트 벡터의 끝에 있는 데이터의 비율을 사용하며 10%에서 80% 사이를 오분류 비용의 범위로 고려한다.

• 연속형 종속변수: regression type

– hyperplane 대신 hypertube 형태로 분류한다.

– epsilon-SVM for regression: 비정확 예측치에 대한 페널티를 적용하기 위해 C 파라미터와 epsilon을 [0,inf]로 조절하여 적용한다.

– Nu-SVM for Regression: C 파라미터 대신에 Nu 파라미터를 사용한다.

② '커널'은 SVM 알고리즘에서 설명한 다차원 공간으로 커널 대치를 위한 함수이다. '선형'은 선형 커널(linear kernel)이고, '다항식'은 다항 커널(polynomial kernel), '방사형 기저'는 가우스 커널(Gaussian kernel),[1] '시그모이드'는 시그모이드 커널(sigmoid kernel)이다(p. 102 참조).

③ '엡실론'은 ①에서 EPS(epsilon) 파라미터의 값을 설정하는 것이다. 'Nu'는 Nu 파라미터의 값을 설정하는 것으로 파라미터를 조절하면서 모형을 만들 수 있다. 본 예제에서는 디폴트(default)값을 선택한다.

> **tip**
>
> • **옵션값 설정**
>
> 잘 모르는 경우에는 디폴트값을 유지한다. 일반적으로 사전에 최적의 옵션값들을 알기 어렵다. 따라서 분석자가 알기 힘든 옵션값들을 설정할 때는 우선 디폴트로 분석하여 모형을 산출한다. 그런 다음 옵션값들을 조정하여 모형의 적합도가 어떻게 변화되는지 비교하면서 옵션값을 조정하는 것을 추천한다.

④ '비용'은 오분류 비용에 대한 페널티를 설정하는 것이다. 일반적으로 정분류와 오분류 비용을 같게 설정하기 때문에 '1'의 값을 유지한다. 체크박스 '변수 가중값 표 표시'는 독립변수가 생성된 모형에 미치는 영향력의 값을 표시하도록 설정하는 옵션이다.

> **tip**
>
> • **오분류 비용 설정**
>
> 만약 오분류된 케이스에 페널티(가중치)를 부여하고 싶다면 오분류 비용의 값을 높게 설정하면 된다. 오분류 비용의 설정에 대해서는 분석의 대상이 되는 분야에서 어떻게 부여하고 있는지에 대한 사전 학습이 필요하다. 오분류 비용의 조절은 비대칭 데이터(imbalanced data)의 문제가 발생될 때 많이 고려하게 되는데, 이 문제는 부스팅(boosting)이라는 또 다른 방법이 있기 때문에 신중하게 고려해야 한다. 원데이터에 일종의 인위적 가공을 하게 되면 원데이터의 특성이 사라질 수 있기 때문이다.

---

[1] 일명 Radial Basis Function(RBF) kernel이라고 한다.

5) 저장

[저장]은 생성된 모형을 각 데이터에 적용하여 분류/판별 예측된 결과값을 별도의 창에 저장하는 옵션이다. 체크박스 '데이터 세트에 저장'을 선택하고 아래의 '데이터 세트 이름'에 임의로 이름을 설정(본 예제에서는 'result')한다.

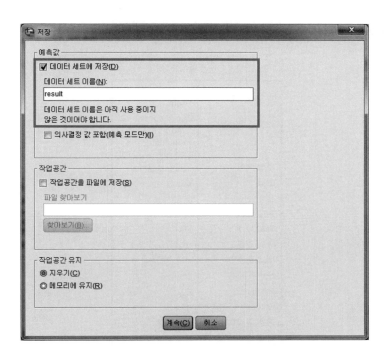

2-3 결과 해석하기

제일 처음 산출되는 '요약'은 생성된 모형에 대한 개괄적 설명이다. 'SVM 유형'에서 '자동'을 선택하였는데 종속변수가 범주형이기 때문에 '분류/판별(classification)'을 수행하였고 그중 파라미터 C(단위비용)를 사용하는 'cclassification'이 선택되었다. 커널은 'radial(radial basis function; Gauss function)'을 선택하였다. 나머지는 '추정'에서 지정된 옵션들에 대한 설명이다.

요약

	요약
종속변수	Credit_rating
독립변수	Age, Income, Credit_cards, Education, Car_loans
SVM 유형	cclassification
커널	radial
모형 소스	새로 만들기
척도 입력	예
커널 차수	NA
커널 감마	0.2
커널 계수 0	NA
오분류 비용	1
Nu(ㅠ)	0.5
엡실런	0.1
계층 가중값	지정않음
중첩 수	0
출력 데이터 세트	result
결과 작업공간	NA
작업공간 컨텐츠	지우기
모형 추정 날짜	Fri Nov 24 15:04:07 2017

R 패키지 e1071에 의해 수행된 계산

다음으로 산출된 '변수 척도'는 연속형 독립변수에 대한 기술통계 결과이다. '가운데 맞춤'은 산술 평균을 의미하고 '척도'는 표준편차를 의미한다. 여기에서 연속형 독립변수는 Age밖에 없기 때문에 Age의 평균과 표준편차를 의미한다.

변수 척도

	가운데 맞춤	척도
1	33.816	8.539

'기능 가중값'은 모형에 대한 독립변수의 영향력(중요도) 결과이다. 'Age'는 연속형 변수이고 나머지 변수는 모두 범주형이기 때문에 분리하여 영향력을 해석하는 것이 원칙이다. 하지만 SVM에서는 범주형 변수를 모두 더미처리(가변수 변환)하여 영향력이 산출되기 때문에 연속형과 범주형 변수를 같이 분석할 수 있다. 다만 각 범주가 변수로 변환되기 때문에 범주가 많은 변수의 경우에는 변수별 영향력의 크기를 비교하기 어려운 단점이 있다.

기능 가중값

	1
Age	-4.906
Income1	5.336
Income2	-.739
Income3	-4.597
Credit_cards2	5.906
Education2	-.238
Car_loans2	.201

서포트 벡터 수: 1043

'혼돈'은 모형의 적합도이다. 전체 2,464개의 레코드이고 모형의 전체 정확도(hit ratio)는 81.2%이다. 실제 '0'을 '0'으로 정분류한 확률은 74.1%이고 실제 '1'을 '1'로 정분류한 확률은 86.2%가 된다.

혼돈

실제값	맞춰짐			
	0	1	총계	% 정확함
0	756.000	264.000	1020.000	74.120
1	199.000	1245.000	1444.000	86.220
총계	955.000	1509.000	2464.000	81.210
% 정확함	79.160	82.500	NA	NA

정확도 퍼센트: 81.209

2-4 예측 결과

다시 데이터창으로 전환하면, 새로운 데이터창이 생성된 것을 확인할 수 있다. [저장]에서 모형을 적용하여 예측한 결과값을 'result'로 저장하도록 한 결과이다. ID와 Predicted 2개의 변수가 생성된 것을 확인할 수 있다. 사례로 ID 1번은 실제 'Credit_rating'이 '0'이었는데 모형에 의해 '1'로 오분류되었다.

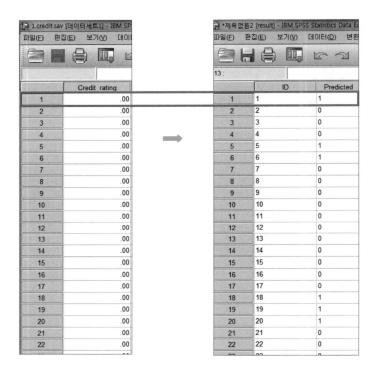

2-5 옵션 조정을 통한 예측 결과

지금까지의 분석 결과는 [추정] 창에서 모형을 파라미터 C(단위비용) SVM Classification에 가우스 커널[Gaussian kernel, 일명 radial-basis function(RBF) kernel] 방식으로 선택한 결과이다(pp. 111-112 참조). 앞서 SVM의 단점으로 커널의 종류와 옵션 선택에 따라 모형의 적합도가 크게 달라진다는 것을 설명하였다. 이러한 점을 살펴보기 위하여 여러 가지 옵션 선택에 따른 결과를 비교해보도록 한다. 다음의 [표 6-1]은 SVM의 옵션으로 SVM 유형과 커널 유형에 따른 각각의 모형 예측 정확도 결과이다. SVM 유형은 C-SVM과 Nu-SVM으로 구분되고, 커널 유형은 선형, 다항, 가우스, 시그모이드로 구분된다.

[표 6-1] SVM 옵션별 예측 정확도 결과 종합

(단위 %)

SVM 유형	커널 유형			
	선형	다항	가우스	시그모이드
C-SVM	81.534	80.925	81.209	70.576
Nu-SVM	81.412	80.722	81.128	74.959

적합 결과 '1.credit.sav' 데이터에서는 C-SVM과 Nu-SVM의 차이가 크게 나지 않았고, 커널 유형은 시그모이드 방식의 예측 정확도가 가장 떨어지는 것으로 나타났다. 주의할 점은 시그모이드 방식의 예측력이 떨어지는 것이 아니라, 이번 사례에서는 시그모이드 방식의 예측 정확도가 다소 낮다는 것으로 이해하여야 한다는 것이다. 데이터별 특성에 따라 예측 정확도가 달라지기 때문에 옵션을 바꿔가면서 훈련용 데이터와 분석용 데이터를 구분하여 안정적인 모형을 산출하는 것이 바람직하다.

[표 6-2] SVM 옵션별 예측 정확도

SVM 유형	커널 유형	모형의 예측 정확도 결과			

선형

흔돈

실제값	맞춰짐			
	0	1	총계	% 정확함
0	800.000	220.000	1020.000	78.430
1	235.000	1209.000	1444.000	83.730
총계	1035.000	1429.000	2464.000	81.530
% 정확함	77.290	84.600	NA	NA

정확도 퍼센트: 81.534

다항

흔돈

실제값	맞춰짐			
	0	1	총계	% 정확함
0	739.000	281.000	1020.000	72.450
1	189.000	1255.000	1444.000	86.910
총계	928.000	1536.000	2464.000	80.930
% 정확함	79.630	81.710	NA	NA

정확도 퍼센트: 80.925

가우스

흔돈

실제값	맞춰짐			
	0	1	총계	% 정확함
0	756.000	264.000	1020.000	74.120
1	199.000	1245.000	1444.000	86.220
총계	955.000	1509.000	2464.000	81.210
% 정확함	79.160	82.500	NA	NA

정확도 퍼센트: 81.209

시그모이드

흔돈

실제값	맞춰짐			
	0	1	총계	% 정확함
0	636.000	384.000	1020.000	62.350
1	341.000	1103.000	1444.000	76.390
총계	977.000	1487.000	2464.000	70.580
% 정확함	65.100	74.180	NA	NA

정확도 퍼센트: 70.576

(SVM 유형: C-SVM)

SVM 유형	커널 유형	모형의 예측 정확도 결과
Nu-SVM	선형	**혼돈** | 실제값	맞춰짐 0	1	총계	% 정확함 | |---|---|---|---|---| | 0 | 792.000 | 228.000 | 1020.000 | 77.650 | | 1 | 230.000 | 1214.000 | 1444.000 | 84.070 | | 총계 | 1022.000 | 1442.000 | 2464.000 | 81.410 | | % 정확함 | 77.500 | 84.190 | NA | NA | 정확도 퍼센트: 81.412

SVM 유형	커널 유형	모형의 예측 정확도 결과

Nu-SVM / 선형

혼돈

실제값	맞춰짐			
	0	1	총계	% 정확함
0	792.000	228.000	1020.000	77.650
1	230.000	1214.000	1444.000	84.070
총계	1022.000	1442.000	2464.000	81.410
% 정확함	77.500	84.190	NA	NA

정확도 퍼센트: 81.412

Nu-SVM / 다항

혼돈

실제값	맞춰짐			
	0	1	총계	% 정확함
0	705.000	315.000	1020.000	69.120
1	160.000	1284.000	1444.000	88.920
총계	865.000	1599.000	2464.000	80.720
% 정확함	81.500	80.300	NA	NA

정확도 퍼센트: 80.722

Nu-SVM / 가우스

혼돈

실제값	맞춰짐			
	0	1	총계	% 정확함
0	767.000	253.000	1020.000	75.200
1	212.000	1232.000	1444.000	85.320
총계	979.000	1485.000	2464.000	81.130
% 정확함	78.350	82.960	NA	NA

정확도 퍼센트: 81.128

Nu-SVM / 시그모이드

혼돈

실제값	맞춰짐			
	0	1	총계	% 정확함
0	769.000	251.000	1020.000	75.390
1	366.000	1078.000	1444.000	74.650
총계	1135.000	1329.000	2464.000	74.960
% 정확함	67.750	81.110	NA	NA

정확도 퍼센트: 74.959

3 SVM 분석 사례 결과 종합

- SVM은 종속변수(목표변수)가 범주형/연속형 모두 가능하다.
- 종속변수가 범주형/연속형 모두 가능하나 SVM은 2진 범주형의 특성에 모형이 더 잘 적합하는 특성이 있다.

- 독립변수(입력변수)도 범주형/연속형 모두 가능하다.

- 모형에 대한 평가는 '혼돈'에서 산출된 예측 정확도(hit ratio)로 평가한다.

- 모형은 SVM 유형과 커널 유형을 조합하여 데이터에 가장 적합하면서도 과대 적합이 되지 않는 모형을 산출하여야 한다.
- 신경망 모형과 마찬가지로 한 번에 분석하는 것이 아니라 SVM 유형과 커널 유형을 바꾸어가면서 최적의 모형이 산출될 때까지 반복하여 생성하는 것이 바람직하다.

- 독립변수의 영향력은 '기능 가중값'으로 판단하는데, SVM 유형과 커널 유형을 어떻게 선택하는가에 따라 독립변수의 중요도가 바뀔 수 있어 주의해야 한다.
- SVM은 SVM 유형과 커널 유형에 따라 '기능 가중값'이 크게 변화한다. 분석에 있어 단순 예측 결과만을 비교할 수도 있으나, 일반적으로 독립변수의 영향력에 대한 해석이 중요할 수도 있다. 만약 독립변수의 영향력에 대한 해석이 분석의 주요 목적이라면 '기능 가중값'에 대한 여러 옵션의 선택 결과를 비교·분석해볼 필요가 있다.

7장　랜덤포레스트 개요

8장　랜덤포레스트 분석 사례

4부

랜덤포레스트

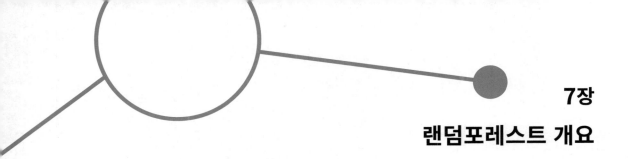

7장
랜덤포레스트 개요

1 랜덤포레스트 개념

랜덤포레스트(random forest)는 의사결정나무분석 중 CART 알고리즘과 앙상블 모형[1] 중 배깅 알고리즘을 적용한 알고리즘이다. 학습 방법은 신경망의 MLP · RBF, SVM과 같은 지도학습이다. 레오 브레이만(Leo Breiman)[2]은 1984년 CART 알고리즘을 제안하고 1996년에는 배깅 알고리즘을 제안하였다. 2001년 브레이만은 이 두 알고리즘을 결합하여 랜덤포레스트를 제안하였다.

    랜덤포레스트는 CART를 기반으로 하고 있어 분포에 대한 가정이 없고 목표변수와 입력변수의 타입에도 자유로워 제약조건이 거의 없다. 또한 의사결정나무(decision tree)의 약점인 과대적합(over-fitting) 문제를 해결하고 앙상블 모형의 장점인 예측 정확도를 높인 알고리즘이다. 최근 패턴인식과 기계학습 분야의 많은 알고리즘 중 인식 성능이 가장 뛰어난 모형 중 하나로 평가받고 있다.

    랜덤포레스트를 이해하기 위해 CART와 배깅에 대해 간략히 살펴보자.

2 CART 알고리즘

CART(classification and regression tree) 알고리즘은 지니지수(gini index)와 분산의 감소량을 이용하여 이진분리(binary split)를 수행하는 의사결정나무분석(decision tree analysis)의 하나

---

1   여러 모형을 결합하여 예측모형을 만드는 기법이다.
2   레오 브레이만(1928-2005), 전 캘리포니아대학교 버클리캠퍼스의 교수.

이다. 여기서 이진분리란 부모마디로부터 자식마디가 2개만 형성되는 것을 의미한다. 목표변수가 범주형일 때는 지니지수를 사용하고 연속형일 때는 분산의 감소량을 사용한다. 독립변수는 범주형, 연속형 모두 이용할 수 있다.

1) 지니지수

원래 지니지수는 소득분배의 불평등도를 나타내는 지수이다. CART 알고리즘에서는 지니지수를 통해 정보의 불평등도를 수치화한다.

다양한 정보(information)가 담긴 초기 데이터가 있다고 가정해보자. 여기에 어떠한 변수를 투입하여 구분하면 그 변수로 인해 특정한 정보가 추출될 것이다. 그러면 초기 데이터에는 추출된 정보를 제외한 정보들만 남고 다양성(불순도)이 줄어들 것이다. 이러한 과정을 반복하다 보면 특정한 정보가 계속 추출되면서 남아 있는 데이터의 정보는 줄어들고 순수한 정보들로 바뀌게 된다. 즉, 지니지수는 의사결정나무를 통해 다양했던 정보를 순수한 정보로 변화시키면서 특정한 정보(규칙)를 추출해내는 방법이다.

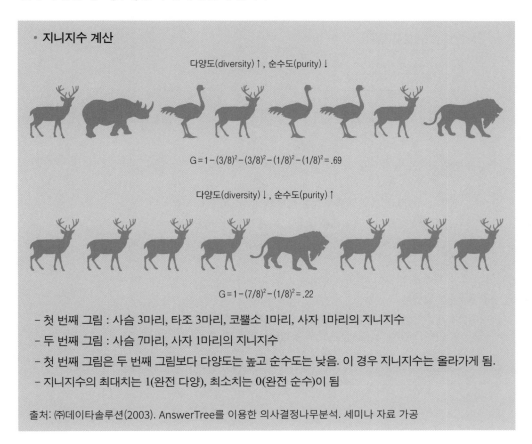

• 지니지수 계산

다양도(diversity)↑, 순수도(purity)↓

$$G = 1 - (3/8)^2 - (3/8)^2 - (1/8)^2 - (1/8)^2 = .69$$

다양도(diversity)↓, 순수도(purity)↑

$$G = 1 - (7/8)^2 - (1/8)^2 = .22$$

- 첫 번째 그림 : 사슴 3마리, 타조 3마리, 코뿔소 1마리, 사자 1마리의 지니지수
- 두 번째 그림 : 사슴 7마리, 사자 1마리의 지니지수
- 첫 번째 그림은 두 번째 그림보다 다양도는 높고 순수도는 낮음. 이 경우 지니지수는 올라가게 됨.
- 지니지수의 최대치는 1(완전 다양), 최소치는 0(완전 순수)이 됨

출처: ㈜데이타솔루션(2003). AnswerTree를 이용한 의사결정나무분석. 세미나 자료 가공

2) 분산의 감소량

분산은 데이터의 퍼진 정도를 일컫는 것으로 데이터가 연속형일 때 구할 수 있다. 범주형 데이터의 경우에는 빈도(%)밖에 표현할 수 없다. 통계분석에서 일반적으로 분산은 평균(산술평균)의 가치를 평가할 때 많이 사용한다. 분산이 크면 평균으로부터 떨어져 있는 데이터가 많다는 의미이고, 분산이 작으면 평균에 많은 데이터가 모여 있다는 의미가 된다.

그러나 빅데이터 분석에서는 분산의 의미가 다르다. 빅데이터 분석에서 분산이 크다는 것은 곧 다양한 정보가 있다는 의미이고, 분산이 작다는 것은 획일적인 정보가 많다는 뜻이다. 연속형 데이터의 경우에 특정 변수가 투입되어 분산을 많이 감소시키면, 그 변수로 인해 특정한 정보가 추출되고 남아 있는 데이터는 순수도가 높아지게 된다. CART 알고리즘은 이러한 방식을 통해 분산을 감소시키면서 의사결정나무분석을 수행한다.

- **• 분산의 감소량 계산**

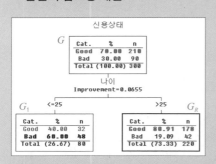

$$G = 1 - \sum (n_j/n_0)^2$$
$$G = 1 - (210/300)^2 - (90/300)^2 = .42$$
$$G_L = 1 - (32/80)^2 - (48/80)^2 = .48$$
$$G_R = 1 - (178/220)^2 - (42/220)^2 = .31$$
$$\Delta G = G - G_L \times (n_L/n) - G_R \times (n_R/n)$$
향상도(improvement) $= 0.42 - 0.48 \times (80/300) - 0.31 \times (220/300)$
$$= 0.42 - 0.3545 = 0.0655$$

향상도 산출 근거는 다음과 같다.

- 전체 데이터 수 300, 신용도 좋음 210, 나쁨 90명
- G(초기 분산의 감소량): 신용상태를 알고 있을 때의 분산의 감소량은 0.42
- G_R(나이>25일 때 분산의 감소량): 신용상태에 따라 나이가 25세를 초과할 때의 분산의 감소량은 0.48
- G_L(나이 25일 때 분산의 감소량): 신용상태에 따라 나이가 25세 이하일 때의 분산의 감소량은 0.31
- 나이변수가 투입이 되면 분산의 감소량은 0.0655만큼 향상됨
  → 즉, 나이변수로 인해 다양도(불순도)가 향상되었음을 의미한다.

출처 : ㈜데이타솔루션(2003). AnswerTree를 이용한 의사결정나무분석. 세미나 자료 가공

3 배깅 알고리즘

배깅(bagging, bootstrap aggregating) 알고리즘은 앙상블(ensemble) 모형의 한 종류이다. 앙상블 모형은 주어진 자료로부터 여러 개의 예측모형을 만든 후 각각의 모형 결과를 조합하여 하나의 최종모형을 만드는 것을 말한다. 즉 여러 개의 모형을 만든 다음, 각 케이스별 가장 좋은 예측 결과를 선택하여 예측하는 모형이다.

부트스트랩(bootstrap)은 하나의 데이터에서 여러 개의 데이터셋(set)을 추출하는 것을 말한다. 예를 들어 데이터 수(레코드)가 100개인 데이터셋이 있다고 가정하자. 이때 30개씩 임의로 추출하여(random sampling) 데이터셋을 10개를 만들었다고 하자. 그런 다음 이 10개의 데이터셋을 합하면 데이터 수가 300개인 데이터셋이 만들어진다. 데이터가 100개에서 300개로 뻥튀기되는데 이러한 방법을 부트스트랩이라고 한다.

어그리게이팅(aggregating)은 결합한다는 의미이다. 부트스트랩으로 K개의 샘플 데이터셋이 만들어졌을 때, 이것을 분류자(classifier)[3]로 합산하여 분류하는 것을 어그리게이팅이라 한다. 그리고 배깅은 부트스트랩과 어그리게이팅의 과정을 거쳐서 예측모형을 생성하는 것을 말한다.

[그림 7-1]을 예로 들어 설명해보자. 10개의 레코드로 구성된 데이터셋이 있다(1단계). 2단계에서는 k개의 부트스트랩 샘플 데이터셋을 추출한다. 7개씩 레코드를 추출한다면, 처음에 10개 레코드 중 7개를 임의로 추출하여 데이터셋을 구성하고, 두 번째 데이터셋도 10개의 레코드 중에 7개를 추출한다. 이렇게 k번을 반복하면 k개의 부트스트랩 샘플 데이터셋을 구성할 수 있다. 3단계에서는 k개의 부트스트랩 샘플 데이터셋을 결합하는 분류자를 이용하여 결과를 결합하는데, 이러한 세 단계의 과정을 배깅이라고 한다.

---

3   예측모형으로 이해할 수 있다.

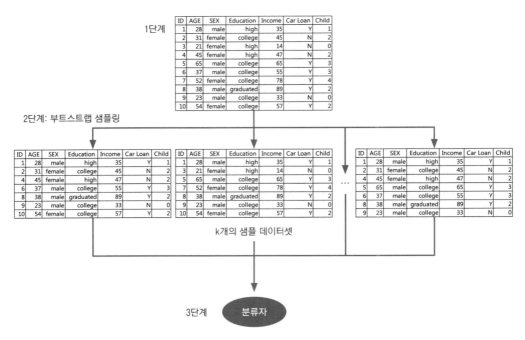

[그림 7-1] 배깅 알고리즘

 참고로 배깅과 유사한 개념인 부스팅(boosting)에 대해 살펴보도록 하자. 부스팅은 처음에 분류자를 적용하여 오분류된 관측값(레코드)에는 높은 가중치를 부여하고, 정분류된 관측값에는 낮은 가중치를 부여한다. 그런 다음 다시 샘플링을 수행해 샘플 데이터셋을 추출하는 과정을 반복함으로써 최종적으로 표본 추출된 데이터를 다시 보팅(voting)[4] 형식으로 결합한다. 배깅이 단순하게 샘플링을 하는 것이라면, 부스팅은 가중치가 증가한 관측값을 많이 선택하게 되어 분류하기 힘든 관측값을 더 잘 분류할 수 있는 기법이다.

---

4 더 잘 예측되는 분류자를 선택한다.

4 랜덤포레스트 알고리즘

랜덤포레스트는 먼저 배깅 방법을 적용하여 여러 개의 샘플 테이터셋을 구성한다. 차이점은 배깅이 모든 변수를 사용하는 데 반해, 랜덤포레스트는 p개의 변수도 임의로 선택한다는 점이다.

　10개의 변수와 10개의 레코드로 구성된 테이터셋이 있다고 하자([그림 7-2]). 부트스트랩 방법은 10개의 변수는 유지하면서 n개의 레코드만 샘플링해서 k개의 부트스트랩 샘플 테이터셋을 구축하는 것이다. 반면 랜덤포레스트는 10개의 변수 중 m개의 변수를 임의 추출하고, n개의 레코드도 임의 샘플링을 해서 k개의 데이터셋을 구축하는 것이다. 이렇게 구축된 테이터셋을 k 부트스트랩 & 변수 샘플 데이터셋이라고 한다.

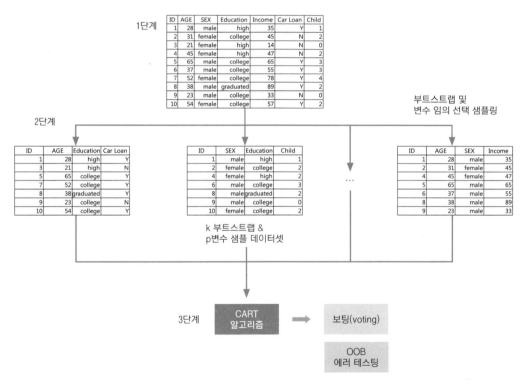

[그림 7-2] 랜덤포레스트 알고리즘

이때 OOB(out-of-bag) 데이터가 생성된다. OOB 데이터는 복원추출 시 재표집되지 않는 레코드(케이스, 개체)를 뜻한다. 즉, K개의 부트스트랩 & 변수 샘플 데이터셋에는 OOB 데이터가 포함되어 있지 않다.

다음으로 분류자를 선택하는데, 각각의 부트스트랩 & 변수 샘플 데이터셋에 CART 알고리즘을 적용하여 각각의 모형을 생성하고, 보팅(voting)으로 결합하여 최종 결과(모형)를 산출한다. 그리고 부트스트랩 & 변수 샘플 데이터셋에 포함되지 않은 OOB 데이터에 최종 모형을 적용하여 모형의 안정성을 검증한다. 즉, 부트스트랩 & 변수 샘플 데이터셋의 데이터는 훈련용 데이터(training data)가 되고 OOB 데이터는 검증용 데이(test data)가 된다.

종합하면, 랜덤포레스트는 배깅 방법을 응용하여 K개의 부트스트랩 & 변수 샘플 데이터셋을 구축하고, CART 알고리즘을 분류자로 하여 모형을 생성한 후, OOB 데이터에 생성된 모형을 적용하여 모형의 안정성을 평가하는 예측방법이다.

• OOB 데이터

- 복원추출 시 표본에 포함되지 않은 개체(레코드, 케이스)이다.

- 전체 데이터(관측표본) n개를 m번 복원추출(sampling with replacement)하면 각 개체는 $1-(1-\frac{1}{n})^m$의 확률로 재표집된다. 즉, 전체 데이터의 63.2%는 재표집 시 추출되지만 36.8%의 데이터는 포함되지 않게 된다.

- 즉, 재표집 시 포함되지 않은 36.8%의 데이터를 OOB 데이터라고 한다.

- 이때 복원추출로 포함된 63.2%의 재표본 데이터(훈련용 데이터)를 통해 모형을 산출하고, 포함되지 않은 OOB 데이터(테스트 데이터)로 모형을 평가(검증)하면 모형이 과소 편향(과대 적합)되지 않는다.

5 랜덤포레스트 알고리즘의 특징

랜덤포레스트 알고리즘도 데이터마이닝 기법의 하나로 데이터마이닝 알고리즘이 가지는 대부분의 장단점을 지니고 있다.

1) 장점

대표적인 장점으로는 예측력이 우수하고, 모형 산출에 대한 가정이 없으며, 변수타입에 자유롭다는 점을 꼽을 수 있다. 이외에 랜덤포레스트만의 차별적인 장점을 정리하면 다음과 같다.

- **결측치 자료에 유용하고, 변수변환이 필요없으며, 극단치 효과가 낮다.**

  다른 알고리즘은 1개의 셀에 결측치가 발생하면 그 레코드(개체)를 미싱으로 처리하거나, 그 셀에 대한 결측치를 추정해야 한다. 하지만 의사결정나무분석은 1개의 셀(cell)에 결측치가 있어도 그 결측치가 발생한 변수가 모형에 사용되지 않는다면 모형을 생성하는 데 영향을 받지 않는다. 따라서 결측지 자료에 유용하다.

  의사결정나무분석은 변수변환이 필요하지 않다. 대부분의 알고리즘은 표준화 또는 정규화 방법을 통해 척도를 유사한 수준으로 조정한다. 이에 반해 의사결정나무분석은 규칙 기반의 알고리즘이기 때문에 해당 케이스를 규칙 조건으로 선택한다. 연속형일 때에도 연속형 변수의 값을 급간화 또는 구간화하여 규칙을 만들기 때문에 별도의 변수변환이 필요하지 않다.

  극단치 효과도 낮다. 연속형의 경우 극단치로 인해 산술평균이 많이 왜곡된다. 일반적으로 연속형 데이터의 대푯값은 산술평균이기 때문에 극단치가 모형 생성에 왜곡을 불러일으킬 수 있다. 하지만 의사결정나무분석은 연속형 변수의 값을 급간화 또는 구간화하여서 모형에서의 영향력이 높지 않다.

- **대수의 법칙에 의해 일반화의 오류가 낮다. 즉 과대적합하지 않는다.**

  의사결정나무분석의 가장 큰 약점이 과대적합이다. 규칙을 만드는 조건(옵션)을 조금만 바꾸어도 모형이 크게 변화하는 약점을 가지고 있다. 하지만 랜덤포레스트는 많은 소규모 부트스트랩 및 변수 샘플 테이터셋에서 모형을 만들어 결합하기 때문에 생성된 모형이 과대적합하지 않고 안정적인 예측 결과를 산출할 수 있다.

  또한 랜덤포레스트는 레코드뿐만 아니라 변수도 임의 선택하여 모형을 만들기 때문에 한

두 변수의 영향력으로 모형이 만들어지는 것을 방지할 수 있다. 따라서 안정적인 예측 결과를 산출한다.

- **예측력이 가장 좋은 알고리즘 중 하나이다.**
  앙상블 모형은 한 개의 모형이 아닌 여러 개의 모형을 결합하여 보팅을 통해 좋은 예측 결과를 제시할 수 있다. 랜덤포레스트는 앙상블 모형의 장점과 변수 임의 선택 과정의 장점이 결합되어 있어 안정적이고 예측력이 우수하다.

2) 단 점

모형 산출의 근거를 제시하지 못하는 데이터마이닝의 일반적인 단점을 지닌다. 이외에 랜덤포레스트만의 차별적 단점을 정리하면 다음과 같다.

- **학습시간이 과다하게 소요된다.**
  배깅, 무작위 변수 선택(random variable selection), 다중 모델 생성(multiple model generate), 보팅([그림 7-2] 참조)으로 인해 학습시간이 과다하게 소요될 수 있는데 이는 랜덤포레스트의 가장 큰 약점이다. 특히 빅데이터 또는 대용량 데이터의 경우에는 모형을 한 번 만드는 것만으로도 많은 하드웨어 능력이 요구되기 때문에 랜덤포레스트를 통한 학습이 어려울 수 있다. 그리고 빅데이터 분석의 특성 중 하나가 실시간 분석인 점을 고려하면, 랜덤포레스트를 적용하기에는 제약이 존재한다. 이에 따라 랜덤포레스트가 빅데이터 분석에 활용되는 사례를 찾기는 쉽지 않다.

- **테이터셋에 레코드와 변수가 적은 경우 모형 적합도가 높지 않을 수 있다.**
  초기 테이터셋에 레코드와 변수가 많지 않다면 선택 레코드와 변수가 중복되어 단일 예측모형과 차별화된 결과를 산출하지 못할 수 있다. 즉 모형을 생성하는 시간(학습시간)에 비해 좋은 결과가 산출되지 않을 수 있다.

8장

랜덤포레스트 분석 사례

1 SPSS에서 랜덤포레스트 실습을 위한 기초 작업

랜덤포레스트(random forest)를 SPSS Statistics에서 분석하기 위해서는 R_Windows와 SPSS Statistics R Essentials 프로그램이 필요하다. 앞서 SVM 실습에서 두 프로그램을 설치했으니 여기서는 R_Windows에서 랜덤포레스트 패키지만 설치하면 된다.

랜덤포레스트 분석을 위한 프로그램 설치 단계는 다음과 같다.

① R_Windows를 설치한다.

② SPSS Statistics R Essentials을 설치한다(p. 105 참조).

③ R_Windows를 구동한 후 상단 팝업메뉴의 [Packages] 클릭 → 'Set CRAN mirror' 를 선택 → 'Korea (Seoul 1)'을 선택한다.

④ 다시 R_Windows 상단 팝업메뉴의 [Packages] 클릭 → 'Install package(s)' 클릭 → 'random Forest'를 클릭한다.

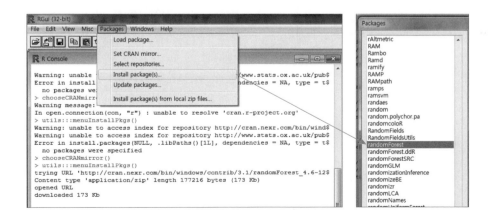

2 랜덤포레스트 실습

2-1 데이터 설명

신경망과 SVM에서 사용한 '은행신용도.(1.credit.sav)' 파일을 그대로 이용한다. 분석의 목적 역시 신용도에 영향을 주는 독립변수를 통해 신용도를 분류/판별하는 예측모형을 개발하는 것으로 신경망에서와 동일하다.

2-2 분석하기

1) 파일 열기

① SVM과 동일하게 '1.credit.sav' 파일을 열고 왼쪽 하단에 [변수 보기] 탭을 클릭한다.

② 오른쪽의 '측도'를 확인한다. 측도를 확인하는 이유는 랜덤포레스트도 SVM과 동일하게 측도에서 설정된 변수타입을 그대로 반영하기 때문이다.

2) 랜덤포레스트 분석 선택

① SPSS Statistics의 팝업메뉴의 [분석]을 클릭한다.

② 'RanFor 추정'을 클릭한다.

③ 분석을 위한 창이 생성된다.

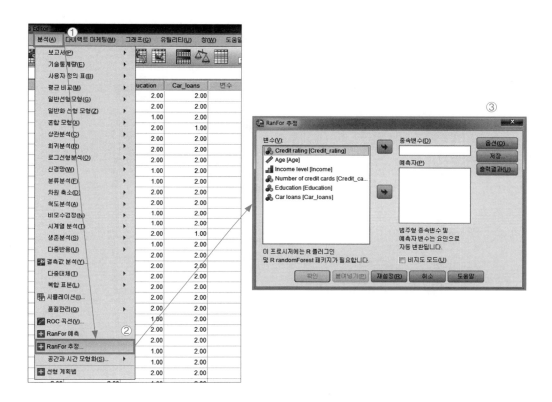

3) 종속변수 및 독립변수 선택

① 변수 중 'Credit rating'을 클릭하여 오른쪽 '종속변수'로 이동하고, 나머지 변수들은 오른쪽 아래의 '독립변수'로 이동시킨다.

② 종속변수와 독립변수의 척도는 앞서 [변수 보기] 탭의 '측도'에서 설정한 타입으로 자동 인식된다. [1]

③ 우상단의 [옵션]을 눌러 다음으로 이동한다.

4) 옵션

① '결측값'에 대한 옵션을 선택한다. 랜덤포레스트는 일반적으로 결측치가 연속형이면 가중평균의 값으로, 범주형이면 가장 많은 범주로 대체한다. '어림(모든 변수)' 방식은 종속변수와 독립변수의 결측값을 모두 대체하는 것이고, 'RF 대체(예측자만)'는 독립변수의 결측값만을 대체하는 것이다. '실패'는 결측값을 대체하지 않고 모형에서 제거한다는 의미로 추정된다. 이 경우 결측값이 존재하면 모형은 생성되지 않게 된다.

---

1   SVM의 경우와 동일하다.

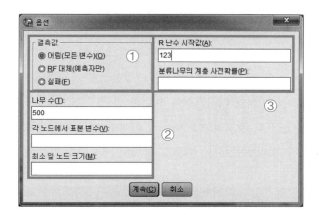

② '나무수'는 K 부트스트랩 및 변수(bootstrap & variable) 샘플 데이터셋의 개수를 의미한다. '각 노드에서 표본 변수'는 노드를 분리하는 데 사용되는 표본 변수의 수를 지정하는 것이다. 예를 들어 M개의 독립변수 중에 m개를 노드 분리 시 사용되도록 지정할 수 있다. '최소 잎 노드 크기'는 모형을 생성할 때 노드의 개체(레코드)가 최소 n개 이상일 때에만 노드를 생성하도록 하는 옵션이다. '각 노드에서 표본 변수'와 '최소 잎 노드 크기'를 어떻게 설정하는가에 따라 모형의 예측 정확도와 독립변수의 중요도가 변할 수 있으므로 주의가 필요하다. 여기에서는 '디폴트(default)'로 설정한다.[2]

③ 'R 난수 시작값'은 랜덤포레스트가 K 부트스트랩 및 변수 샘플 데이터셋을 추출할 때 매번 다른 샘플 셋을 추출하게 된다. 즉 분석할 때마다 다른 결과값을 산출해내는데, 그래서 초기 난수 시작값을 설정하면 그 이후 같은 K 부트스트랩 및 변수 샘플 데이터셋이 설정된다. 여기에서는 '123'으로 설정하여 실습하는 모든 사람의 결과가 같이 나올 수 있도록 하자.

---

2   일단 디폴트로 모형을 생성한 후 '각 노드에서 표본 변수'와 '최소 잎 노드 크기'를 조절하여 모형의 적합도 변화를 판단한다. 그런 다음 최종 모형을 산출하는 것이 일반적이다.

5) 저장

① '예측값 새 데이터 세트 이름'은 산출된 랜덤포레스트 모형을 통해 예측한 결과값을 새로운 테이터셋으로 만들도록 하는 옵션이다. 일반적으로 SPSS는 모형을 통해 산출된 각 케이스의 예측값을 원래 데이터창에 새로운 변수로 추가하여 결과를 보여준다. 하지만 랜덤포레스트는 R의 알고리즘을 따르기 때문에 별도의 창으로 지정해야 각 케이스의 예측값을 볼 수 있다. 여기서는 'result'로 하여 새로운 테이터셋 창을 만들도록 한다.

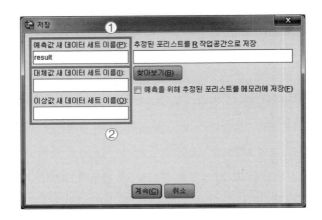

② '대체값 새 데이터 세트 이름'은 각 케이스의 셀 중 미싱된 데이터값(결측값)을 랜덤포레스트 모형에서 추정하여 대체한 값을 새로운 테이터셋으로 저장하도록 하는 옵션이다. 별도의 이름을 입력하여 분석하면 사용되었던 데이터가 또 다른 창으로 생성되고, 기존 데이터에서 결측된 데이터값은 랜덤포레스트를 통해 추정된 값이 데이터로 입력되게 된다. 본 예제에서는 결측값이 없기 때문에 디폴트로 설정한다.

'이상값 새 데이터 세트 이름'은 랜덤포레스트 모형을 생성할 때 사용된 분석용 데이터의 케이스 차이를 근사치(instance proximity measure)로 계산한 결과이다. 케이스의 이상값이 클수록 다른 개체와 많이 떨어져 있음을 의미하는 것으로 추정된다. 즉, 그 케이스(레코드)가 이상값일 확률이 높다. 최근의 분석에서는 데이터의 수가 많기 때문에 각 케이스(레코드)들의 이상치를 분석으로 판별하지는 않는다. 다만 모형의 적용에 앞서 데이터 품질분석을 통해 이상치가 모형에 반영되지 않도록 하는 작업을 선행하기 때문에 여기에서는 디폴트로 설정한다.

6) 출력 결과

① [옵션]에서 K 부트스트랩 및 변수 샘플 데이터셋을 통해 500개를 생성하도록 설정하였다. '변수 사용 통계표'는 이 500개 데이터셋을 구축하면서 각각의 독립변수가 몇 번 사용되었는지를 산출하도록 하는 옵션이다.

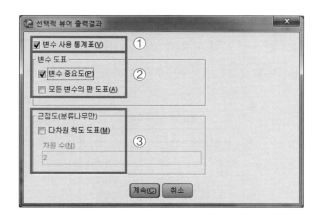

② '변수 도표' 중 '변수의 중요도'는 산출된 랜덤포레스트 모형에 대한 독립변수의 기여도이다. 즉 모형을 500번 만드는 동안 어떠한 변수가 얼마만큼의 영향을 미쳤는지를 산출하도록 하는 옵션이다. 이 옵션은 독립변수의 중요도를 해석하기 위해 반드시 필요한 옵션이므로 반드시 설정하도록 한다.

아래의 '모든 변수의 편 도표'는 각각의 독립변수와 종속변수 간의 관계를 도표로 생성하도록 하는 옵션이다. 산출된 결과에 대한 해석이 모호할 수 있기 때문에 일반적으로 참조하기 위해 선택한다. 여기에서는 별도의 해석을 하지 않으므로 선택하지 않는다.

③ '근접도(분류나무만)'의 '다차원 척도 도표'는 종속변수(Credit_rating)의 '0'과 '1'의 값들이 독립변수에 의해 어떻게 분포되고 있는지를 도표로 산출하도록 하는 옵션이다. 산출된 도표로 분포를 확인하고 참조할 수 있으나 분석에 중요한 역할을 하지 않기 때문에 여기에서는 디폴트로 설정한다.

2-3 결과 해석하기

제일 처음 산출되는 '랜덤포레스트 요약'은 생성된 모형에 대한 개괄적 설명이다. '나무 유형' 은 종속변수가 범주형이기 때문에 classification이며 '종속변수'는 Credit_rating, '예측자' 는 독립변수를 의미한다. '나무'는 500개의 부트스트랩 및 변수 샘플 테이터셋을 생성하였다. '예측자 대체'의 rough는 [옵션]에서 결측값을 어림(모든 변수)으로 선택하였다는 것을 의미한 다. 'Out of Bag 추정된 오차율'은 약 0.1899(18.99%)이다. '나무 크기 터미널 노드'는 총 생 성된 최종 노드의 수를 1분위, 2분위, 3분위수로 구분하여 제시하고 있다.

랜덤 포리스트 요약

	통계량2
나무 유형	classification
종속변수	Credit_rating
예측자	Age Income Credit_cards Education Car_loans
나무	500
분할당 변수 시도 횟수	2
예측자 대체	rough
계층 사전확률	NA
Out of Bag 추정된 오차율	0.189935064 935065
나무 크기 터미널 노드:1 분위수	52
나무 크기 터미널 노드:중 위수	69
나무 크기 터미널 노드:3 분위수	84.25
난수 시작값	123
포리스트 작업공간	저장되지 않음
메모리에 작업공간 유지	아니오

R randomForest 패키지에 의해 계산된 랜덤 포리스트

다음으로 산출된 결과는 '변수 중요도'로 이는 모형에 대한 해석에 사용되는 중요한 지표 이다. 모형에 영향을 미치는 가장 중요한 독립변수는 Income, Age, Credit_cards 순이며 'Education'이 가장 영향력이 떨어지는 것으로 나타났다.

변수 중요도

	노드 불순도 감소
Income	255.334
Age	174.062
Credit_cards	134.699
Car_loans	36.786
Education	6.485

Gini 인덱스로 측정된 모든 나무에 대한 평균 변수의 분할에서 노드 불순도의 총 감소량

'예측자 변수 사용'은 500개의 부트스트랩 및 변수 샘플 테이터셋에서 나무를 만들 때 독립변수를 사용한 횟수이다. 일반적으로 큰 해석은 하지 않는다. Age가 가장 많이 활용되었고 다음으로 Education, Income 등의 순으로 나타났다.

예측자 변수 사용

	구매빈도
Age	19071
Income	4731
Credit_cards	2215
Education	5050
Car_loans	3932

포리스트의 예측자 변수 사용 빈도

다음으로 산출된 '예측의 혼돈 행렬'은 모형을 평가하는 가장 중요한 지표인 모형의 예측 오류율(error rate)이다. 예측 정확도(hit ratio)는 '1 – 예측 오류율'이 된다. 본 랜덤포레스트 모형의 예측 오류율은 0.190(19.0%)이며 역산하면 모형의 예측 정확도는 81.0%가 된다.

예측의 혼돈 행렬

	예측빈도			
Credit_rating	0	1	계층 오차	행 합계
0	741.000	279.000	.274	1020.000
1	189.000	1255.000	.131	1444.000
열 총계	930.000	1534.000	.190	2464.000

행은 실제값이며 열은 예측값입니다. 마지막 계층 오차는 전체 오차율입니다.

다음으로 산출되는 '오차율 그래프'는 500개의 부트스트랩 및 변수 샘플 데이터셋을 산출하여 각각 모형을 만들었을 때의 오차율과 오차율의 신뢰상한, 신뢰하한을 그래프로 표현한 것이다. 초기에 오차율의 변화가 있었으나 갈수록 안정화되는 것을 볼 수 있다.

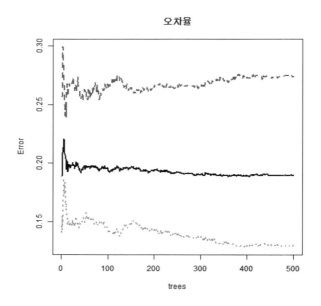

마지막으로 산출된 그래프는 위에서 본 '변수 중요도' 표의 결과를 그래프로 타점한 것이다. 해석은 위의 내용을 참조하도록 한다.

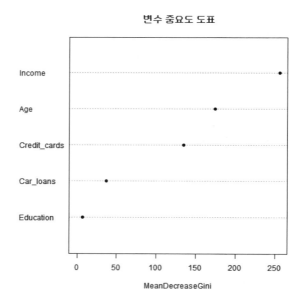

2-4 예측 결과

다시 데이터창으로 전환하면 새로운 데이터창이 생성된 것을 확인할 수 있는데, 이는 [저장]에서 모형을 적용하여 예측한 결과값을 'result'로 저장하도록 한 결과이다. 새로 생성된 데이터창에서 'caseNumber'와 'PredictedValues' 2개의 변수가 생성된 것을 확인할 수 있다. 예를 들어 첫 번째 'caseNumber'는 'Credit_rating'이 실제 '0'이었는데 모형에 의해 '1'로 예측되었고, 이는 모형에 의해 오분류되었다는 것을 의미한다.

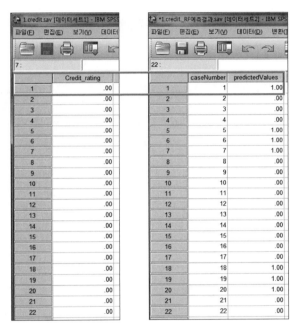

실제 Y값(Credit_rating)과 예측된 Y값과의 결과 비교

2-5 부트스트랩 및 변수 샘플 테이터셋 변화에 따른 예측 결과

부트스트랩 및 변수(bootstrap & variable) 샘플 테이터셋을 500개에서 1,000개로 증가시킨 후, 예측 오류율과 변수의 중요도 결과를 비교해보도록 하자. 먼저 모형의 적합도인 '예측의 혼돈행렬'에서 산출된 예측 오류율을 비교해본다.

[표 8-1]을 살펴보면 부트스트랩 및 변수 샘플 테이터셋이 증가함에 따라 예측 오류율은 감소하는 경향을 보인다. 하지만 K개가 일정 수준 이상으로 커진다 하더라도 모형의 예측 오류율이 크게 감소하지는 않는다. 따라서 부트스트랩 및 변수 샘플 테이터셋의 K개를 정할 때, 너무 많은 K개를 설정할 필요는 없다는 점을 알 수 있다.

[표 8-1] 모형적합도 비교 결과

구분	예측의 혼돈행렬			
	K개 부트스트랩 및 변수 샘플 테이터셋 수			
	100	250	500	1000
전체 오차율	.194	0.192	0.190	0.189
예측 정확도	81.6%	81.8%	81.0%	81.1%

다음으로 독립변수의 중요도인 '노드 불순도 감소'를 비교해보자. [표 8-2]를 보면 부트스트랩 및 변수 샘플 테이터셋이 증가함에 따라 독립변수의 노드 불순도 감소량에 조금씩 변화가 나타난다. 하지만 독립변수의 중요도 순서를 바꿀 만한 변화는 아니며 변화량의 차이도 크지 않다. 즉, K개의 크기를 바꾼다고 해서 독립변수의 중요도가 변화하지는 않는다는 점을 파악할 수 있다.

[표 8-2] 독립변수의 중요도 비교 결과

구분	노드 불순도 감소			
	K개 부트스트랩 및 변수 샘플 데이터셋			
	100	250	500	1000
Income	244.958	249.061	255.334	254.118
Age	171.189	175.646	174.062	174.720
Credit_cards	133.108	134.668	134.699	132.421
Car_loans	38.633	38.756	36.786	37.664
Education	6.458	6.714	6.485	6.334

종합하면, 랜덤포레스트는 K개의 부트스트랩 및 변수 샘플 데이터셋이 일정 수준 이상이면 예측 결과가 크게 변화하지 않고 안정화된다. 이는 랜덤포레스트의 장점으로 앞서 이론 소개 부분에서도 설명하였다. 그러므로 K개를 크게 설정할 필요 없이 모형이 안정화되는 최소한의 K개만을 설정하여도 안정적(stable)인 예측 결과를 가져올 수 있다.

3 랜덤포레스트 분석 사례 결과 종합

- 랜덤포레스트는 종속변수(목표변수)가 범주형/연속형 모두 가능하다.
- 범주형일 때는 지니지수로, 연속형일 때는 분산의 감소량으로 모형을 생성한다.

- 독립변수(입력변수)도 범주형/연속형 모두 가능하다.

- 모형에 대한 평가는 '예측의 혼돈 행렬'에서 산출된 예측 오류율로 평가한다.
- 신경망과 SVM은 예측 정확도를 모형의 적합도로 제시하는 반면, 랜덤포레스트는 예측 오류율을 제공하고 있다. 하지만 이는 동전의 양면으로 '1-예측 오류율'을 하면 예측 정확도가 된다.

- 랜덤포레스트는 일정 수준 이상의 K개 부트스트랩 및 변수 샘플 테이터셋이 되면 모형이 안정화된다.
- 따라서 K개를 크게 설정할 필요 없이 모형이 안정화되는 최소한의 K개만 설정하여도 대수의 법칙에 의해 안정적인 예측 결과를 가져올 수 있다.

- 독립변수의 영향력은 '노드 불손도 감소'로 판단한다.
- '노드 불손도 감소'량이 큰 순으로 모형에서 차지하는 독립변수의 중요도를 파악할 수 있다.

- [옵션]에서 '각 노드에서 표본 변수'와 '최소 잎 노드 크기'를 조절함에 따라 모형의 예측 정확도의 차이가 클 수 있으며, 독립변수의 중요도 순서도 변화할 수 있다.
- 분석 사례에서는 '각 노드에서 표본 변수'와 '최소 잎 노드 크기'를 디폴트로 설정하였다. 그렇지만 실제로 이 옵션을 어떻게 설정하는가에 따라 모형과 독립변수의 영향력이 달라질 수 있으므로 모형 생성 시 주의해야 한다.

9장 3가지 알고리즘 비교·종합
10장 모형 개발 프로세스

5부
데이터 분석의 이슈

9장
3가지 알고리즘 비교·종합

본서에서는 최근 SPSS Statistics에서 제공하고 있는 신경망, 서포트 벡터 머신(support vector machine, SVM), 랜덤포레스트(random forest) 분석에 대한 알고리즘을 소개하고 사례 분석을 수행하였다. 본 장에서는 이 3가지 알고리즘을 데이터 분석의 관점에서 비교·종합하도록 한다.

1 분석 조건 비교

신경망, SVM, 랜덤포레스트는 데이터 분석의 관점에서 보면, 모두 기계학습을 통해 모형을 산출하는 데이터마이닝 분석기법이다. 따라서 이 세 알고리즘은 다음과 같이 데이터마이닝 분석기법의 공통적인 특징을 가지고 있다.

첫 번째 통계적으로 보면 분포를 가정하지 않고, 독립변수 간 독립일 필요가 없으며, 모형에 대한 유의성과 독립변수에 대한 유의성을 검증하지 않는다. 다만 시계열 데이터에서 나타나는 자기상관에는 자유롭지 못하므로 시계열 데이터를 적용할 때는 주의를 필요로 한다.

두 번째 종속변수(목표변수·타깃변수·내생변수·반응변수)의 변수타입은 범주형과 연속형 모두 가능하며, 독립변수(입력변수·인풋변수·외생변수·설명변수)의 변수타입 또한 범주형과 연속형 모두 가능하다. 신경망의 종류는 매우 다양하나 SPSS Statistics에서 제공하는 알고리즘은 다층 퍼셉트론(muti-layer perceptron, MLP)과 방사형 기저함수(radial basis function, RBF)이다. SVM은 종속변수가 범주형일 때는 C 분류와 Nu 분류를 선택할 수 있고, 연속형일 때는 EPS(엡실론) 회귀와 Nu 회귀를 선택할 수 있다. 랜덤포레스트는 종속변수가 범주형일 때는 지니지수, 연속형일 때는 분산의 감소량으로 자동 분석한다.

세 번째 SPSS Statistics에서는 모형을 설계할 때 다양한 옵션을 선택할 수 있다. 먼저 신경망의 MLP는 은닉층의 개수를 분석자가 지정할 수 있으며 자동으로 탐색할 수도 있다. 활성함수도 항등, 소프트맥스, 쌍곡 탄젠트, 시그모이드 함수 등을 선택할 수 있는데 이에 따라 모형이 달라질 수 있다. RBF는 노드의 수를 분석자가 지정할 수 있으며 자동으로 탐색할 수 있다. 방사형 기저함수를 사용하는데, 변수의 척도를 비슷하게 유지하기 위해 정규화된 방사형 기저함수를 주로 이용한다. SVM은 커널대체 함수로 선형, 다항식, 방사형 기저(가우스), 시그모이드 함수를 제공하고 있으며, 커널대체 함수의 선택에 따라 모형이 달라질 수 있다. 랜덤포레스트는 부트스트랩 및 변수(bootstrap & variable) 샘플 테이터셋의 개수를 설정할 수 있는데, 일정 수준 이상이 되면 모형이 크게 달라지지 않는다. 다만 [옵션]에서 '각 노드에서 표본변수'와 '최소 잎 노드 크기'를 조절함에 따라 모형의 예측 정확도 차이가 클 수 있고, 독립변수의 중요도 순서도 변화할 수 있다.

[표 9-1] 신경망, SVM, 랜덤포레스트 알고리즘 특성 비교

구분	신경망_MLP	신경망_RBF	SVM	랜덤포레스트
종속변수	범주형, 연속형			
독립변수	범주형, 연속형			
알고리즘	다층 퍼셉트론	방사형 기저함수	커널대체 함수를 통한 서포트 벡터 함수	지니지수, 분산의 감소량
SPSS 옵션 선택	· 은닉층 개수 · 활성함수: 항등, 소프트맥스, 쌍곡 탄젠트, 시그모이드 함수	방사형 기저함수의 노드 수	· 종속변수의 타입별 옵션: C 분류, Nu 분류, EPS 회귀, Nu 회귀 · 커널대체 함수: 선형, 다항식, 방사형 기저(가우스), 시그모이드 함수	· 부트스트랩 및 변수 샘플 테이터셋의 개수 · 각 노드에서 표본 변수 · 최소 잎 노드 크기

2 모형 비교의 기준

분석 결과를 비교할 때 기준으로 삼는 지표는 모형의 적합도와 독립변수의 영향력(모형의 근거)이다.

통계적 분석에서 모형이란, 독립변수(입력변수)를 투여했을 때 어떠한 결과값(Y)이 나오도록 해주는 것을 말한다. 예를 들어 선형회귀분석에서는 선형함수식을 통해 Y를 예측하게 되므로 선형함수식이 모형이 된다. 본서에서 다루는 신경망, SVM, 랜덤포레스트 모형의 근거는 일종의 블랙박스이다. 어떻게 해서 Y값이 산출되었는지 근거는 제시하지 못하지만 결과값을 예측할 수 있기 때문이다.

종속변수가 범주형 변수일 때는 예측 정확도(hit ratio)나 오류율(error rate)을 통해 모형의 적합도를 평가한다. SPSS Statistics를 기준으로 살펴보면 신경망(MLP, RBF)은 '분류' 표에서 예측 정확도를 제시하고 있다. SVM은 '혼돈' 표에서 예측 정확도를 산출하고 랜덤포레스트는 '예측의 혼돈 행렬' 표에서 전체 오류율의 결과를 제시한다. 물론 예측 정확도가 높거나 오류율이 낮으면 모형의 적합도가 높은 것으로 판단한다.

연속형 변수의 모형적합도는 오차제곱합(sum of square error, SSE), 평균제곱오차(mean square error, MSE), 제곱근평균제곱오차(root MSE, RMSE), 평균절대퍼센트오차(mean absolute percent error, MAPE), 평균절대오차(mean absolute error, MAE), BIC(bayesian information criterion), AIC(Akaike information criterion), 상대오차(relative error, RE), 표준오차(standard error, SE) 등이 있다. 실무적인 차원에서 평가기준이 많다는 것은 무엇 하나 완벽한 것이 없다는 의미이다.

SPSS Statistics를 기준으로 살펴보면 신경망은 오차제곱합과 상대오차를 제공하고 있다. SVM은 제시하고 있지 않으며 랜덤포레스트는 잔차평균제곱(평균제곱오차와 동일 개념)과 설명되지 않는 분산백분율을 제공하고 있다. 오차제곱합, 상대오차, 잔차평균제곱, 설명되지 않는 분산백분율 등이 낮으면 모형의 적합도가 높은 것으로 판단한다.

독립변수의 영향력은 일반적으로 종속변수(Y) 값의 증감에 영향을 미치는 정도를 가지고 비교하게 된다. 예를 들어 선형회귀분석은 독립변수의 표준화된 계수값(β)의 크기로 비교하게 된다. SPSS Statistics를 기준으로 살펴보면 신경망은 독립변수의 중요도, SVM은 기능 가중값, 랜덤포레스트는 변수 중요도 표의 결과값으로 해석할 수 있다.

[표 9-2] 모형 비교의 기준

구분		신경망	SVM	랜덤포레스트
모형의 적합도	범주형 종속변수	예측 정확도	예측 정확도	예측 오류율
	연속형 종속변수	오차제곱합, 상대오차	–	잔차평균제곱, 설명되지 않는 분산백분율
독립변수의 영향력		독립변수의 중요도	기능 가중값	변수 중요도

※ SPSS Statistics 기준임

3 분석 결과 비교

본서에서는 분석 사례로 2진 범주형 종속변수[Credit_rating: '0(불량)'과 '1(우량)']와 5개 독립변수[Age(연속형), Income(순서형), Credit_cards(명목형), Education(명목형), Car_loanse(명목형)]를 가지고 3가지 알고리즘[신경망(MLP, RBF), SVM, 랜덤포레스트]에 각각 적용하였다. 3가지 알고리즘에 적용한 분석 사례가 분석의 정답은 아니며 분석 결과는 옵션 등의 조정을 통해 얼마든지 변화할 수 있다. 다만, 사례분석의 결과를 종합하는 차원에서 비교·분석해보자.

[표 9-3]은 3가지 알고리즘을 적용한 결과 산출된 모형적합도와 독립변수의 영향력 순서를 요약·정리한 것이다. 모형의 적합도는 예측 정확도를 기준으로 볼 때 RBF가 다소 떨어졌고 나머지 알고리즘은 비슷한 수준의 예측율을 보이고 있다. 그렇다고 해서 RBF의 모형 예측도가 낮다고 볼 수는 없으며 이번 데이터에는 RBF의 적합도가 다소 떨어진 것으로 해석하는 것이 바람직하다. 또한 RBF도 옵션 조절을 통해 예측 정확도를 높일 수 있다. 즉 어느 모형이 다른 어느 모형보다 예측 정확도가 높다고 더 좋은 모형이라고 단정할 수 없는데, 모형은 예측 정확도가 높다고 반드시 좋은 것은 아니기 때문이다. 새로운 데이터에 대해서 안정적인 예측 정확도를 보이는 것이 더 중요할 수 있다.

독립변수의 중요도는 각 모형별 독립변수의 영향력 순서를 통해 결과를 비교하도록 한다. 본서에서 다룬 세 알고리즘은 원칙적으로는 모형의 산출 과정이 일종의 블랙박스 처리가 되어 독립변수의 영향력을 파악할 수 없다. 하지만 SPSS Statistics는 통계 패키지 R을 엔진으로 사용하여 R에서 제공하는 결과를 제시한다. R에서는 각각의 알고리즘의 결과를 역추적하여 독립변수의 중요도를 제시한다.

독립변수의 중요도 비교분석 결과, 알고리즘마다 독립변수의 영향력의 순서가 다른 것을 파악할 수 있다.[1] 이는 같은 종속변수라 하더라도 알고리즘의 방식에 따라 독립변수의 영향력이 달라지기 때문이다. 따라서 학문적인 관점에서 독립변수의 영향력을 해석할 때는 이러한 점에 주의해야 한다.

[표 9-3] 신경망, SVM, 랜덤포레스트 알고리즘 분석 결과 비교

구분	신경망_MLP	신경망_RBF	SVM	랜덤포레스트
모형의 적합도 (예측 정확도 기준)	81.2%	76.9%	81.2%	81.0%
독립변수의 영향력 순서	① Age ② Income ③ Credit cards ④ Car loan ⑤ Education	① Income ② Car loan ③ Credit cards ④ Age ⑤ Education	범주형 변수를 더미처리*하여 각각의 범주를 변수로 인식하여 각 범주별 계수를 산출하기 때문에 변수별 영향력의 순위를 비교하기 어려움	① Income ② Age ③ Credit cards ④ Car loan ⑤ Education

* 더미처리(가변수 변환): 범주형 변수의 범주를 각각의 변수로 변환하여 연속형 변수로 처리하는 방법이다.

1　SPSS Statistics에서 SVM은 더미처리된 변수를 각각의 변수로 파악하여 영향력을 제시하고 있어 신경망, 랜덤포레스트와 직접적으로 비교할 수 없다.

10장
모형 개발 프로세스

통계분석을 처음 시작하는 사람은 표준화된 분석방법론을 필요로 할 수 있다. 하지만 통계분석의 분야는 그동안 다루었던 예측분석(predictive analysis)뿐만 아니라 실험계획, 인자의 탐색, 효과분석, 비모수, 결측치 추정 등 다양하며, 이 모든 분석에 대한 표준화된 방법론은 존재하지 않는다.

본 장에서는 그동안 다루었던 예측분석에 대한 표준화된 분석방법론을 설명하도록 한다. 앞에서 예측분석은 분류/판별(classification), 결과값 추정(estimation; 점추정)을 포함하는 방법이라고 설명하였다.[1] 예측분석이란 일반적으로 모형을 개발하는 것을 말한다.[2] 즉 예측분석의 결과가 모형인 것이다.

예측분석의 표준화된 방법론은 다른 말로 하면 모형 개발을 위한 표준화된 방법론이다. 모형 개발의 방법론은 크게 2가지로 구분할 수 있는데, 하나는 모형을 개발하는 프로세스에 대한 방법이고 다른 하나는 모형을 해석하기 위한 방법(모형 평가 방법)이다.

- **모형 개발 방법론의 2가지 시각**
  - 모형 개발 프로세스
  - 모형 해석 방법(모형 평가 방법)

---

1 2장 '6-1 알고리즘 목적에 따른 분류' 부분을 참조한다(p. 33).
2 9장 '2 모형 비교의 기준' 부분을 참조한다(p. 152).

1 모형 개발 프로세스

모형 개발 프로세스에 대한 표준화된 방법론은 소프트웨어(프로그램) 개발사와 데이터 분석 관련 컨설팅사들에 의해 주로 제안되었다. 본서에서는 SPSS 프로그램을 소개하고 있기 때문에 이와 관련된 방법론은 SPSS사(현 IBM) 등에서 제안한 CRISP-DM(cross-industry standard process for data mining; 1999)[3] 방법론을 소개한다.

CRISP-DM 방법론은 비즈니스 이해(business understanding), 데이터 이해(data understanding), 데이터 준비(data preparation), 모델링(modeling), 평가(evaluation), 전개·적용(deployment) 등 총 6단계로 구성된다([그림 10-1]). 화살표는 단계 간 주요 의존관계를 나타내며, 외부의 원은 데이터마이닝이 본질적으로 가지고 있는 순환적 특성을 의미한다.

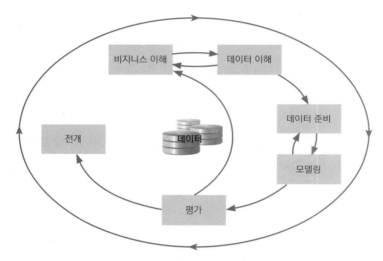

출처: SPSS Korea Consulting Dept (2008). Clementine 16주 강의교재. 데이타솔루션.
[그림 10-1] CRISP-DM 방법론

---

3 Pete Chapman (NCR), Julian Clinton (SPSS), Randy Kerber (NCR), Thomas Khabaza(SPSS), Thomas Reinartz (DaimlerChrysler), Colin Shearer (SPSS) and Rüdiger Wirth (DaimlerChrysler) (1999). CRISP-DM 1.0. SPSS Inc.

다음의 [표 10-1]은 CRISP-DM의 단계별 수행 업무에 대해 간략히 정리한 것이다.

[표 10-1] CRISP-DM 세부 프로세스

단계	업무 목표
비즈니스 이해	- 업무 목표 수립 - 현재 상황 평가 - 데이터마이닝 목표 수립 - 프로젝트 계획 수립
데이터 이해	- 초기 데이터 수집 - 데이터 기술(data description) - 데이터 탐색 - 데이터 품질 검증
데이터 준비	- 데이터 설정 - 데이터 선택 - 데이터 정제 - 데이터 생성 - 데이터 통합 - 데이터 형식 적용
모델링	- 모델링 기법 선택 - 테스트 설계 생성 - 모델 생성 - 모델 평가
평가	- 결과 평가 - 프로세스 재검토 - 향후 단계 결정
전개	- 전개 계획 수립 - 모니터링/유지보수 계획 수립 - 최종 보고서 작성 - 프로젝트 재검토

CRISP-DM 방법론과 그동안의 연구·컨설팅 경험을 통해 다음과 같이 모형 개발 프로세스를 정립해보았다.[4] 총 6단계이며 세부적으로 분석분야 전문지식 이해, 분석용 데이터셋 구축, 데이터 특성 파악, 모형 적용 및 해석, 모형 검증, 최종 모형 선정 단계로 구성된다.

[그림 10-2] 조용준의 모형 개발 프로세스

• 1단계 '분석분야 전문지식 이해'는 분석하고자 하는 분야를 깊이 이해하고 있어야 한다는 의미이다.

데이터 분석은 해당 분야의 지식을 벗어나지 않으며 해당 분야의 이론적 백그라운드를 바탕으로 한다. 따라서 이 단계에서는 분석 대상 분야에서 중요한 변수가 무엇이고, 어떠한 변수와 연관이 있는지 등을 파악해야 한다. 통계적 분석은 데이터에 대한 단순한 기술적 해석이기 때문에 주어진 데이터에서만 답을 찾으려고 한다. 대표적 통계분석의 오류가 '남극의 온도가 올라가면 주식이 올라간다'는 것이다. 데이터만 가지고 상관분석과 회귀분석을 수행하면 그렇게 나온다. 그런데 실제로 남극의 온도가 주식에 영향을 미칠까? 이에 답하려면 주식에 대한 충분한 이해가 있어야 한다. 요컨대 분석에 있어서 가장 중요한 것은 분

---

4   조용준의 모형 개발 6단계 프로세스라고 하자.

석 분야에 대한 지식이 바탕이 되어야 한다는 점이다.

• **2단계 '분석용 데이터셋 구축'에서는 분석을 위한 데이터를 준비한다.**

변수를 선택하고, 데이터를 정제하며, 새로운 데이터를 파생해내는 등의 과정을 통해 실질적으로 분석이 가능하도록 유의한 변수와 데이터를 만드는 단계이다. 먼저 1단계의 '분석 분야 전문지식 이해'를 바탕으로 유용한 변수들을 선정한다. 유용한 변수는 하나의 데이터 소스(source)에만 존재하는 것이 아니기 때문에 여러 데이터 소스를 고려해야 한다. 앞서 빅데이터의 가장 큰 이슈는 '매쉬업'이라고 설명하였다(p. 18 참조). 여러 데이터 소스와 다른 형태의 변수타입을 고려하여 분석이 가능한 변수들을 추출하여야 한다.

다음으로 분석을 할 수 있도록 데이터를 정제(cleaning)해야 한다. 데이터 정제를 위해서는 우선적으로 데이터 품질분석을 통해 결측치나 이상치 등을 파악하고, 데이터 기술통계와 빈도분석 등을 통해 가지고 있는 원자료(raw data)의 기본적 특성을 파악해야 한다. 이를 바탕으로 분석이 가능할 수 있도록 데이터를 정제한다. 이처럼 데이터 정제를 위해 데이터의 특성을 파악하는 것을 1차 EDA(exploration data analysis)[5]라고 한다.

다음으로 새로운 변수의 생성을 고려해야 한다. 여러 변수가 결합하여 더욱 영향력 있는 변수가 만들어질 수 있기 때문이다. 또한 연속형 변수를 범주형으로 변환하거나, 범주형 변수의 범주를 통합 또는 분리하는 작업도 이에 해당한다. 연속형 변수의 척도가 다르기 때문에 변수변환 등도 고려해야 한다. 이를 변수파생·급간화(binning)·변수변환이라고 한다. 일반적으로 이 과정에서 실제 분석의 80% 이상에 해당하는 시간이 소비된다.

• **3단계 '데이터 특성 파악'에서는 최종 분석 전에 기술통계를 수행한다.**

이 단계에서는 준비된 분석용 데이터의 특성을 파악하는데 이는 어떠한 모형이 분석의 목표에 적합할지를 선택하기 위함이다. 준비된 모든 변수 가운데 연속형 변수에 대해서는 기술통계분석(평균분석) 등을 수행하고, 범주형 변수에 대해서는 빈도분석을 수행한다. 이를 2차 EDA라고 한다.

---

5 EDA: 탐색적 데이터 분석으로, 모든 데이터 분석에 앞서 수행하는 기초분석을 말한다.

• 4단계 '모형 적용 및 해석'에서는 준비된 데이터와 완벽히 파악된 데이터의 특성을 가지고 예측분석을 수행한다.

모형을 적용할 때는 일반적으로 전체 데이터 중 일부를 분할하여 적용하는데, 이를 훈련용 테이터셋(train data set)이라고 한다. 이 단계에서는 어떠한 알고리즘을 선택할 것인지, 어떠한 옵션을 선택할 것인지 등을 통해 원하는 모형을 만들어내야 한다. 모형이 산출된 후에는 해당 분야 전문지식을 바탕으로 모형의 적합도[예측 정확도(hit ratio), 평균제곱오차 등]와 선택된 독립변수의 영향력을 해석하고 적절한지 판단한다. 이렇게 모형을 적용하고 산출된 결과를 해석하는 과정은 한 번으로 끝내지 말고 여러 번 반복해야 한다. 옵션 조정과 알고리즘의 선택을 반복하여 모형을 생성하고 분석자가 판단하기에 가장 적합한 모형을 선택한다.

---

tip

• **고전적 통계 알고리즘과 데이터마이닝 알고리즘의 시각 차이**

– 고전적 통계 알고리즘은 모형을 생성할 때 독립변수의 유의성을 검증한다. 샘플 데이터이기 때문에 전체 모집단에도 영향이 있는 변수인지를 검증하는 것이다.

– 이에 반해 데이터마이닝 알고리즘은 독립변수의 유의성을 검증하지 않는다. 보유한 데이터가 모집단이기 때문에 조금의 영향관계라도 파악하여 모두 모형에 반영하기 위해서다.

– 2가지 방법 중 어떠한 것을 선택해야 할까? 그것은 분석자에게 달려 있다. 예를 들어, 독립변수가 너무 많다면 통계 알고리즘으로 독립변수의 영향력을 선별할 수 있을 것이다. 그러면 비슷한 변수가 모형에 두 번 반영되는 것을 방지할 수도 있고, 영향력이 없는 변수를 모형에 반영하여 불필요한 데이터를 추가로 생성해야 하는 번거로움을 피할 수도 있다.

• 5단계 '모형 검증'에서는 후보 모형에 대한 안정성 검증을 수행한다.

이 단계에서는 4단계에서 사용하지 않았던 데이터에 산출된 모형을 적용해보는데, 이를 검증용 테이터셋(test data set)이라고 한다. 4단계에서 만들어진 후보 모형을 검증용 테이터셋에 적용하고 모형의 적합도를 판단한다. 훈련용 테이터셋과 검증용 테이터셋과의 적합도 차이가 크지 않은 모형을 안정적인 모형으로 판단한다.

• 6단계 '최종 모형 선정'에서는 분석자가 마지막으로 어떠한 모형을 사용할지 결정한다. 4단계와 5단계를 반복하면서 가장 안정적이면서 모형의 적합도가 높은 모형을 찾아내 선정한다.

---

tip

• 간혹 통계적 데이터 분석을 기술적 분석으로 생각하고 결과만을 단순히 해석하려는 분석자들이 있는데, 데이터 분석은 그렇지 않다. 가장 기초가 되는 분석방법인 빈도분석과 기술통계분석을 제외하면 모든 데이터 분석은 분석자가 원하는 방향으로 결과가 만들어진다. 즉 분석자의 의도대로 분석 결과가 산출된다.
특히 예측분석은 분석자가 처음부터 끝까지 모형을 만들어나가는 것이다. 따라서 분석하고자 하는 분야에 대한 심도 있는 이해가 우선되어야 한다. 간혹 통계분석을 통해 기존의 연구에서 나온 결과를 뒤집는 결과가 나올 수 있는데, 이는 새로운 결과를 발견한 경우보다는 해당 분야의 전문 지식이 부족하여 엉뚱한 변수들을 고려한 결과이거나 데이터 수집 또는 샘플데이터의 오류일 확률이 높다.

• 데이터에 어떠한 특징이 있는지를 분석자가 파악하지 않고 분석을 수행하면 잘못된 결과가 도출될 수 있다. 예를 들어, 우리나라 국민 400명의 소득데이터가 있고 그 속에 우리나라에서 가장 부자 중 한 명인 이건희 회장의 소득이 들어 있다고 가정해보자. 이 데이터에서 산출된 평균소득이 실제 우리나라 국민의 평균소득이라고 주장할 수 있을까? 이러한 데이터로는 어떠한 분석을 해도 제대로 된 결과를 제시할 수 없다. 400명의 샘플데이터에서 이회장의 소득데이터는 이상치(outlier)일 것이다. 따라서 이상한 데이터 100개를 제거하고 300명의 데이터로 분석을 수행하는 것이 훨씬 낫다.

2 모형 해석(평가) 방법

모형 해석 방법은 모형을 평가하는 방법이다. 모형 개발 프로세스의 4단계인 '모형 적용 및 해석'에 해당하는 방법이다.

  분석 알고리즘을 선택하고 정제된 분석용 데이터셋에 적용하면 분석 결과가 산출된다. 예를 들어 로지스틱 회귀분석으로 분석한다고 가정하자. 종속변수와 독립변수를 선택하고, 여러 옵션을 선택한 후, 분석을 누르면 결과가 산출된다. 이때 어떻게 모형을 해석하고 평가할 것인가에 대한 방법이 '모형 해석 방법'이다.

  나름대로 판단한 모형 해석의 프로세스[6]는 총 4단계로 모형의 유의성 평가, 독립변수의 유의성 파악, 모형의 적합도 평가, 모형 해석 단계로 구성된다.

[그림 10-3] 조용준의 모형 해석(평가) 프로세스

• 1단계 '모형의 유의성 평가'에서는 산출된 모형이 통계적으로 유의한지 평가한다.

일반적으로 데이터마이닝 알고리즘에서는 모형의 유의성을 평가하지 않는다. 이 단계는 선형회귀분석, 로지스틱 회귀분석 등 통계분석 알고리즘을 통해 모형을 생성했을 때 수행하게 된다. 먼저 산출된 모형(함수식 등)이 통계적으로 유의한지에 대한 가설검증을 하는데, 만약 모형이 유의하지 않다면 이후의 단계는 진행하지 않고 다시 유의한 모형을 찾아내야 한다. 예를 들어 선형회귀분석은 모형의 유의성을 검정하기 위해 분산분석의 F검정(F-test)

---

6 조용준의 모형 해석(평가) 4단계 프로세스라고 하자.

을 수행하고, 로지스틱 회귀분석은 카이제곱검정(Chi-square test)을 수행하게 된다.

• 2단계 '독립변수의 유의성 파악'에서는 영향변수가 통계적으로 유의한지, 영향변수의 영향력의 순서가 이론적 백그라운드와 일치하는지 등을 파악한다.
 일반적으로 데이터마이닝의 방법과 통계분석의 방법이 다르다. 먼저 통계분석의 방법은 각각의 독립변수가 종속변수와 통계적으로 유의한지를 평가한다. 그리고 통계적으로 유의한 것과 유의하지 않은 것이 이론적 백그라운드와 일치하는지를 점검한다. 만족스럽지 못한 경우에는 처음으로 돌아가 모형을 다시 생성한다. 예를 들어 선형회귀분석은 독립변수의 유의성을 검정하기 위해 분산분석의 t검정(t-test)을 수행하고, 로지스틱 회귀분석은 왈드(Wald) 통계량을 통해 유의성 검정을 수행한다.
한편 데이터마이닝 방법은 투입된 모든 독립변수가 유의하다는 점을 가정하기 때문에 종속변수와 각각의 독립변수 간 통계적 유의성을 평가하지 않는다. 다만 산출된 독립변수의 중요도 순서가 이론적 백그라운드와 일치하는지를 점검하고, 상식적·이론적 영향력의 크기가 다르거나 만족스럽지 못한 경우에는 처음으로 돌아가 모형을 다시 생성한다.

• 3단계 '모형의 적합도 평가'에서는 산출된 모형이 얼마나 정확한지 평가한다.
일반적으로 종속변수가 범주형 변수일 때는 예측 정확도(hit ratio)나 예측 오류율(error rate)을 통해 평가하고, 연속형 변수일 때는 제곱근평균제곱오차(RMSE), BIC, 상대오차 등으로 평가한다(p. 152 참조). 즉 모형의 오차가 최소화되는 모형을 좋은 모형으로 평가하는 것이다. 범주형 변수는 분류/판별(classification) 분석이기 때문에 맞는 경우와 틀린 경우를 명확히 셀 수 있으므로 주로 예측 정확도로 평가한다. 연속형 변수는 주로 추정(estimation) 분석이기 때문에 예측값과의 괴리(거리 등)의 합으로 평가한다. 예측 정확도가 높을수록 모형의 정확도가 높다고 평가하며, RMSE 등이 작을수록 모형의 적합도가 높다고 평가한다.

• 4단계 '모형 해석'에서는 1~3단계를 모두 만족할 때 산출된 모형에 대한 의미를 파악한다.
모형 해석의 방법은 모형의 종류에 따라 달라진다. 모형의 종류는 크게 함수식, 규칙 기반(rule base), 블랙박스 등으로 구분할 수 있는데 각각의 경우에 따라 해석 방법이 어떻게 달라지는지 살펴보자.
첫 번째, 모형이 함수식으로 산출된다면 유의한 독립변수의 계수(표준화 가정) 크기를 통해 어떠한 독립변수가 종속변수에 영향을 더 미치는지를 평가하여 해석한다. 예를 들어 '주가지수=3×금리+2×환율'이라는 식이 있다고 가정하자. 금리와 환율의 척도가 동일하다고 본다면 '금리가 1 증가 시 주가지수를 3 상승시키고 환율은 2만큼 증가시킨다'로 해석할 수 있을 것이다. 따라서 금리가 환율에 비해 주가지수의 증감에 더 많은 영향을 미친다고 해석할 수 있다.

두 번째, 모형이 규칙을 기반으로 한다면 어떠한 조건에서 종속변수의 값이 어떻게 변화하는지 해석한다. 예를 들어 '소득이 500만 원 이상이고, 신용부채가 200만 원 이하이며, 나이가 30대 이상인 경우에 신용등급이 정상이 될 확률은 89%이다' 등이 규칙기반의 모형이다. 대표적인 알고리즘이 의사결정나무분석이다.

세 번째는 모형의 산출 근거가 없는 블랙박스인 경우이다. 앞에서 다룬 신경망, SVM, 랜덤 포레스트 등이 이에 해당한다. 원래 블랙박스인 모형은 독립변수의 영향력을 해석하지 않는다. 하지만 최근의 통계 패키지는 모형을 산출하는 과정을 해석하여 독립변수의 영향력의 크기[7]를 제시하고 있다. 따라서 산출된 영향력의 크기순으로 독립변수의 영향력 차이를 해석하면 된다.

---

7   SPSS Statistics 기준이다.

참고문헌

1. 이지영 (2015). "빅데이터의 국가통계 활용을 위한 기초연구". 통계개발원.

2. 조용준 (2016). "수산업의 빅데이터 기반구축 방향". 수협 수산경제연구원. 정기연구보고서.

3. 조용준 (2016). "수산업도 알파고이다". 수협 수산통계월보 수산이슈 기고문.

4. Cover, T. M. (1965). Geometrical and Statistical properties of systems of linear inequalities with applications in pattern recognition. *IEEE Transactions on Electronic Computers*, C-14.

5. Gartner (2011). 2011 Gartner Report.

6. Haykin, Simon (2009). *Neural Networks and Learning Machines Third Edition*. Upper Saddle River, New Jersey: Pearson Education Inc.

7. Hinton, G. E.; Osindero, S.; Teh, Y. W. (2006). A Fast Learning Algorithm for Deep Belief Nets. *Neural Computation*, Vol. 18, No. 7.

8. McKinsey & Company (2011). Big Data: The Next Frontier for Innovation, Competition, and Productivity. McKinsey & Company report.

9. Micchelli, C. A. (1986). Interpolation of scattered data: distance matrices and conditionally positive definite functions. Constructive Approximation.

10. Muller, M. P. et. al (2005). Can Routine Laboratory Test Discriminate between Severe Acute Respiratory Syndrome and Other Causes of Community-Acquired Pneumonia?. *Clinical Infectious Diseases*, Vol. 40, No. 8.

11. Pete Chapman(NCR), Julian Clinton(SPSS), Randy Kerber(NCR), Thomas Khabaza(SPSS), Thomas Reinartz(DaimlerChrysler), Colin Shearer(SPSS) and Rüdiger Wirth(DaimlerChrysler) (1999). CRISP-DM 1.0, SPSS Inc.

12. www. datascienceschool.net

13. www.iro.umontreal.ca/~pift6080/documents/papers/svm_tutorial.ppt 자료

가치창출을 위한
R 빅데이터 분석

김계수 지음 | 504쪽 | 30,000원

빅데이터 분석과 메타분석

김계수 지음 | 332쪽 | 25,000원

그림으로 이해하는
닥터 배의 술술 보건의학통계

배정민 지음 | 368쪽 | 28,000원

서울시의사회 의학상 '저술상'

SPSS를 이용한
설문지 작성과 분석

민대기 지음 | 144쪽 | 15,000원

SPSS/AMOS 논문 통계분석
내비게이션

이현실 · 양지안 지음 | 374쪽 | 25,000원

SPSS/Amos를 활용한
간호 · 보건 통계분석 개정판

한상숙 · 이상철 지음 | 520쪽 | 30,000원

Big Data, New SPSS Analysis Technique;
Neural Network, SVM, Random Forest

2010년대 들어 SPSS에 데이터마이닝 알고리즘이 반영되기 시작하면서 최근에는 R 패키지에서나 사용이 가능하던 알고리즘까지도 계속 애드온되고 있다. 그러나 이렇게 추가된 분석 알고리즘들을 설명하고 해석을 도와줄 수 있는 책이나 매뉴얼은 찾아보기 힘들다. 이 책을 집어 든 독자들이라면 다들 공감하겠지만, 통계분석은 어떠한 알고리즘과 옵션을 선택하는가에 따라 결과가 크게 달라진다. 그 때문에 통계분석에서 무엇보다 중요한 것은 사용하는 알고리즘과 옵션에 대한 정확한 이해, 각 옵션에 대한 올바른 결과 해석 등이다.

이 책은 이러한 점을 염두에 두고 SPSS에 최근 애드온된 알고리즘 중 고급 통계분석의 하나인 신경망, SVM, 랜덤포레스트에 대해 상세히 다룬다. 아울러 빅데이터 분석이 무엇인지, 데이터마이닝이나 통계분석과 같은 기존의 데이터 분석과의 차이는 무엇인지 깊이 있게 설명함으로써 연구자들로 하여금 '빅데이터 분석'이라는 큰 틀을 명확히 이해하고, 실무에서 SPSS를 이용한 분석기법을 효율적으로 활용할 수 있도록 안내해준다!

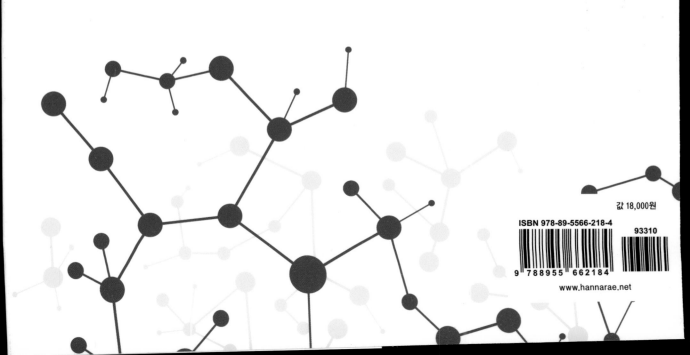

값 18,000원

ISBN 978-89-5566-218-4

93310

9 788955 662184

www.hannarae.net

R을 이용한 데이터 분석과 논문 쓰기

누구나 하는

구호석 지음

Data Analysis

RStudio

Writing a Paper

국민건강
영양조사
데이터 활용

22%

14%

9%

6%

48%

구호석

인제대학교 의과대학을 졸업하고, 인제대학교 부산백
병원에서 내과전공의, 서울대학교에서 신장내과 전임
의를 지냈다. 2012년 서울대학교 의료정보학 박사과정
을 수료하였으며, 2011년부터 현재까지 서울백병원 신
장내과 부교수로 재직 중이다.
옮긴 책으로 《의학·보건학 연구자를 위한 궤적분석》
이 있다.

hoseok.koo@gmail.com

⬇ 이 책에 사용된 데이터는 한나래출판사 홈페이지
(www.hannarae.net) 자료실에서 내려받을 수 있습니다.